讓鮮花壽命更持久&
外觀更美好的品保關鍵

保鮮期為消費的重點！

切花保鮮術

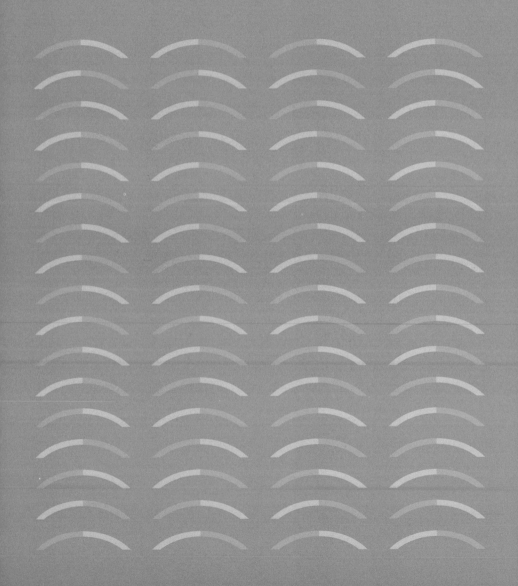

讓鮮花壽命更持久&
外觀更美好的品保關鍵

保鮮期為消費的重點！
切花保鮮術

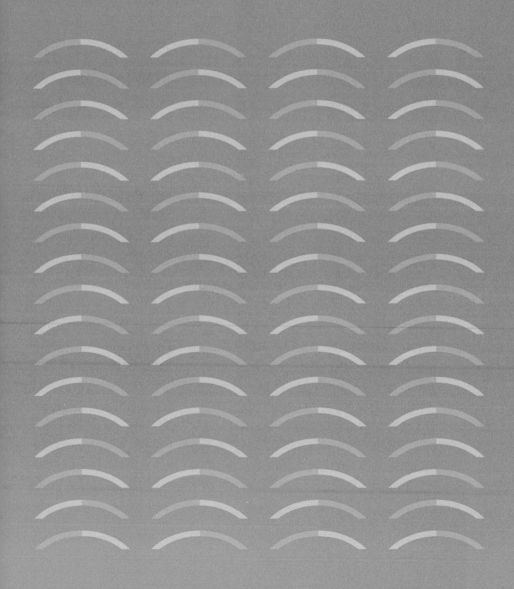

保鮮期為消費的重點！

切花保鮮術

讓鮮花壽命更持久
&外觀更美好的品保關鍵

前言

　　日本國內的花卉生產大約在20年前達到高峰，之後便持續遞減。近年來雖有略微增加的傾向，但尚未恢復至過往的趨勢。

　　根據各種問卷調查的結果都顯示出，切花的保鮮期為消費者所重視的項目。因此，有可能因為市面上流通切花的保鮮期短而導致購買欲停滯；所以若能延長切花的保鮮期，就能期待切花市場消費力的提升。現在歐美國家的保鮮期保證已經普及化，因此切花消費力也有明顯的擴大。受到該趨勢的影響，日本國內現在延長切花保鮮期的推廣活動越來越活躍，市面上也已經出現保證保鮮期的販售商品。

　　要販售流通擁有優質保鮮期的切花，了解切花的基本生理特性與品質管理的相關技術，就成為不可欠缺的課題。歐美國家中具有保鮮期保證的切花品種，其品質管理技術可謂相當完善。但是，日本夏季氣溫比歐美高，無法直接套用歐美確立的技術，必須開發適合高溫環境的技術。另外，日本國內流通的花卉品項與品種比歐美多，所以為了擁有優質保鮮期的切花，就必須開發出能夠解決相關課題的技術。筆者至今邀請了眾多道府縣研究機關一起加入「農林水產省實用技術

開發事業」、「國產花卉保鮮期向上對策實証事業」等計畫，共同致力研究技術開發。

　　本書為刊登在《農耕與園藝》雜誌中、共計30回的〈農家可以作到的切花保鮮法〉連載的所有文章大幅修正、改寫後的內容。〈農家可以作到的切花保鮮法〉的結構主要是以一般知識中心，來介紹從上述事業中得到的成果。本書的特色是除了改寫連載內容之外，還加入了大量品質保持劑的說明與新增加了兩種切花材的介紹。用詞上，為了讓讀者能清楚理解切花品質管理的基礎與實踐知識，極力避免使用艱澀的語彙，以求簡單易懂。但或許還是有較難理解的部分，若有任何寶貴的意見或疑問，都請不吝賜教。

　　要擴大日本國內花卉的需求，流通擁有優良保鮮期佳的切花是不可或缺的。而為了延長花卉的保鮮期，也請花卉相關業者，無論是生產者或零售業者都能活用此書。

2016年4月　市村一雄

目 次

第 **1** 章

切花保鮮期縮短的
主要原因

第 **2** 章

切花品質管理技術

附 表

column

切花保鮮期
縮短的
主要原因

切花保鮮期縮短的主要原因

> 不同品項的切花保鮮期有明顯的差異。雖然切花失去觀賞價值的最大原因在於花卉老化，但除了老化之外還有很多其他的原因。因此，切花保鮮期與花卉原本既有的壽命並非一定成正比。

花朵壽命

　　不同種類花卉的花朵壽命有很明顯的差異。例如牽牛花和松葉牡丹，或以朱槿與芙蓉為首的錦葵科眾多花卉，大約會在開花後一天內枯萎。這類品項因為保鮮期極短，所以實際上不可能作為切花在市面上流通。

　　不過，市面上流通的切花中也有保鮮期相當短的品項。例如，劍蘭、花菖蒲等花卉的每一朵花保鮮期都只有數日。大理花與桃花等的保鮮期也相當短。但也有像菊花、翠菊、星辰花等保鮮期超過十天以上的品項。除此之外，也有蝴蝶蘭等只要保持在連株的狀態下，保鮮期就能維持至一個月以上的品項。

　　花朵壽命長短在某種程度上與花卉種類有關。但是，牽牛花和劍蘭、康乃馨等大部分的花卉，只要使用能夠抑制蛋白質合成的放線菌酮藥劑加以處理，保鮮期便能延長兩倍左右（圖1）。考慮到蛋白質為基因產物，因此上述之實驗結果，代表花卉壽命的長短原因在於遺傳程序、花卉本身即擁有促使老化的基因。實際上，在近年的牽牛花研究中，發現在成功抑制與老化有關

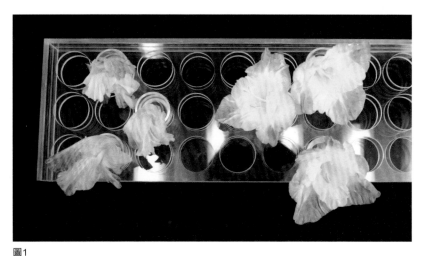

圖1
放線菌酮連續處理對劍蘭老化的影響
左：對照。右：開始處理後第三天。

的基因的活動後，保鮮期即可延長將近兩倍左右。目前認為牽牛花之外的品項很可能也與牽牛花一樣擁有相同機能的基因。

切花失去觀賞價值的外部因素

圖2
康乃馨切花因枯萎而失去觀賞價值。

切花失去觀賞價值的最大原因在於花卉老化，切花保鮮期與花卉原本的壽命一致的情形也不下少數。

花卉老化型態中，因花瓣枯萎而失去觀賞價值的品項最多，如菊花、康乃馨等（圖2）。亦有因花瓣或萼片脫落而失去觀賞價值的品項，例如飛燕草和雪球花即為此類。

還有因為落瓣而失去觀賞價值的品項（圖3）。不過，經過乙烯抑制劑處理的飛燕草切花則會在枯萎後落瓣。除此之外，也有百合和水仙百合等在落瓣時漸漸枯萎的品項。如上所述，無法嚴密區分為枯萎類型還是落瓣類型的花卉也不少。

　　除了花瓣老化之外，也有其他原因會讓切花失去觀賞價值。當切花的蒸散量大於吸水量時，便可能發生吸水功能惡化、最終導致枯萎的情形。另外，若花莖較軟、弱，也會因為花莖彎曲或彎折而導致失去觀賞價值。在紫羅蘭、金魚草或劍蘭等擁有大量花苞的切花中，花苞不開花也是導致其失去觀賞價值的原因之一（圖4）。

圖3
玫瑰（SAMURAI[08]）切花因落瓣而喪失觀賞價值。

　　還有像鬱金香等因為花莖過長彎折而失去觀賞價值的品項，也有像菊花、翠菊或水仙百合等，因葉片在花朵老化前先行黃化，而失去觀賞價值的情形（圖5）。

切花失去觀賞價值的內部原因

　　除了有像玫瑰與金魚草等，在連株狀態下與切花狀態下之保鮮度有明顯差距的品項之外，也有像百合和荷蘭鳶尾花等，在兩狀態之間並無明顯差距的。對於保鮮期差距明顯品項，只要找出促使花卉保鮮期縮短的特定

圖4
劍蘭切花因花苞不開花而喪失觀賞價值。

原因，並加以處理，使其重現連株狀態時，即有可能延長保鮮期。但保鮮期較無顯差距的品項，則不容易延長保鮮期。

乙烯生成與醣類不足，多會促使花卉老化、縮短保鮮期；空氣中乙烯濃度高的環境也會促使花卉老化。

醣類是維持生體的能量來源。切花基本上無法透過光合作用合成醣類，所以花卉的呼吸作用便會消耗儲存熱量，進而導致花卉老化、保鮮期縮短。一般而言，溫度越高越容易促使觀賞價值下跌。因此，切花必須進行低溫保管。

圖5
翠菊切花因葉片黃化而喪失觀賞價值。

喪失觀賞價值的原因	切花品項
花瓣枯萎	玫瑰・康乃馨・蘭花類
花瓣枯萎・葉片黃化	菊花・翠菊・百合類・水仙
花瓣枯萎・花托&花莖彎折	非洲菊
花瓣枯萎・不開花	滿天星・劍蘭
花瓣枯萎・落花・不開花・花莖彎折	金魚草
花瓣枯萎・不開花・葉片枯萎	洋桔梗・紫羅蘭
花瓣枯萎・花莖徒長	鬱金香
落花	飛燕草
落花・葉片黃化	水仙百合

表1　切花喪失觀賞價值的原因

2

乙烯

由植物本身自行製造、非常微量、可控制植物成長的物質，稱為植物賀爾蒙。乙烯為植物賀爾蒙之一，與植物的成熟老化有關。乙烯在常溫中為氣體，多被稱為乙烯氣體。乙烯會引起切花的枯萎和落瓣，多為保鮮期縮短的原因。

乙烯的產生源

植物每一個部位都會產生乙烯。蘋果、香蕉、哈密瓜、番茄等在果實成熟時會散發出大量的乙烯。但並非任何果實都會產生大量的乙烯，像柑橘類和葡萄類的乙烯散發量就極少。

在燃燒石油暖爐後產生的氣體，汽車的排煙與香菸的煙中皆含有乙烯。建議避免將切花置於這類乙烯發生源附近。

對乙烯的敏感性

在眾多切花品項中，乙烯會導致切花的枯萎與落瓣。但也有幾乎不會發生此種反應的品項。不同品項的切花對乙烯的敏感度差異相當大（表1）。

乙烯敏感度高，對乙烯相當不耐的代表性切花有康乃馨、滿天星、香豌豆花、飛燕草、蘭花類等。這類花卉只要曝露在數ppm的乙烯環境中一天就會引起老化（圖1）。尤其康乃馨對乙烯的敏感度極高，只要曝露在0.2ppm

敏感度	切花品項
非常高	康乃馨
高	滿天星・香豌豆花・飛燕草・石斛蘭・萬代蘭
略高	風鈴桔梗・金魚草・紫羅蘭・洋桔梗・玫瑰・藍星花
略低	水仙百合・水仙
低	菊花・劍蘭・鬱金香・百合類

表1　切花對乙烯的敏感性

的乙烯環境中，8小時以內花瓣就會開始枯萎。

　　玫瑰、洋桔梗、紫羅蘭、金魚草、藍星花等，雖然不像上述品項對乙烯如此敏感，但也是對乙烯較為不耐的品項。這些品項曝露在數ppm的乙烯環境中，兩天便會引起花瓣枯萎和落瓣（圖2）。

圖1

乙烯對康乃馨（Barbara）老化的影響
下：未處理、上：乙烯處理，以10μL/L乙烯處理16小時後的狀態

菊花、非洲菊、向日葵、翠菊等多數菊花科花卉與百合、鬱金香等百合科或劍蘭等鳶尾科花卉大多對乙烯較不敏感。這類花卉即使在乙烯濃度高的環境中也幾乎看不見老化反應。

但亞洲百合與LA系百合會因為乙烯導致花苞不開。菊花和翠菊等品項中有些品種的老化現象會反映在葉片黃化上，花朵部分則不受影響。

飛燕草、洋桔梗、金魚草等眾多花卉，對乙烯的敏感度會隨著老化程度加深。此類花卉剛開花的花朵雖不容易受到乙烯影響，但隨著花齡增加便越容易受到影響。而康乃馨切花隨著花齡的增加反而越不容易受到影響。

圖2
乙烯對金魚草（Yellow Butterfly）的老化影響
左：未處理・右：乙烯處理，以10μL/L
乙烯處理2天後的狀態

花卉對乙烯的敏感度也會隨著溫度產生變化。溫度越高敏感度越高，越容易受到乙烯的影響。只要超過30℃，康乃馨對乙烯的敏感度反而降低，超過35℃則幾乎不會對乙烯產生反應。

老化引起的乙烯生成與生成的抑制

康乃馨等對乙烯高敏感的切花在老化過程中會產生大量的乙烯（圖3）。當生成量超過某個數值之後，植物體內有關老化的反應便會被誘導出來，進而引起枯萎或落瓣。

但也有如風鈴桔梗等對乙烯敏感度雖高，但在老化過程中乙烯的生成量並不會上升的品項。

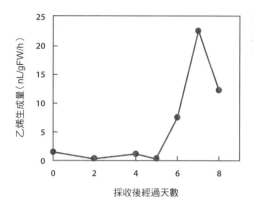

圖3
康乃馨（Barbara）切花年齡與乙烯生成量

對乙烯高敏感的花卉，大致可以分成花瓣枯萎型和落瓣或萼片脫落型兩大類。花瓣枯萎型有康乃馨、滿天星、洋桔梗等；落瓣或萼片脫落型有飛燕草、雪球花等。另外，香豌豆花、藍星花雖然最終是整朵花從花柄上脫落，但因為是花瓣完全枯萎後才脫落，所以屬花瓣枯萎型。不過，也有像金魚草一樣有枯萎和落花情形發生的花卉，及像水仙百合一樣在枯萎到某階段後便會發生落瓣的品項。如上所述，也有無法明確區分成枯萎類型還是脫落類型的品項。

康乃馨等花瓣枯萎型的花卉在老化過程中，會從花瓣產生大量的乙烯。關於此枯萎類型的枯萎機制，目前既已發表的概念為，自雌蕊生成的乙烯對花瓣產生作用，進而導致花瓣也生成乙烯（圖4・圖5上）。

飛燕草等花瓣或萼片脫落的類型則是因為在老化過程中，大量的乙烯來自雌蕊和花托，花瓣與萼片的乙烯生成量並無增加，因此被認為是因為雌蕊與花托生成的乙烯促使花卉的落瓣（圖4下・圖5下）。

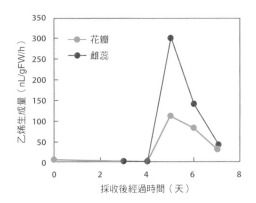

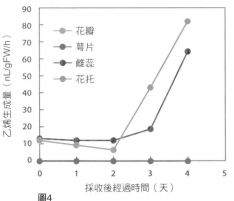

圖4

康乃馨（Barbara）（上）與顛茄系飛燕草
（下）切花老化與花器官的乙烯生成量

　　蘭花類、洋桔梗、龍膽、飛燕草等高乙烯敏感切花，會因為授粉而產生大量乙烯進而導致花瓣枯萎與脫落（圖6）。即使是風鈴桔梗等在老化過程中不會生成乙烯的品項，也會在授粉後產生大量的乙烯（圖7）。但是，授粉的影響並不會擴及到未授粉的花朵部分。

　　洋桔梗與飛燕草等花卉只要雌蕊受傷便會引起老化。

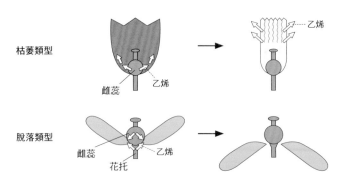

圖5 花瓣枯萎類型與脫落類型的老化模式圖

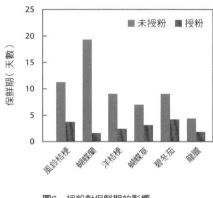

圖7

授粉對風鈴桔梗（Champion Pink）切花
老化的影響

箭頭為授粉花朵，授粉後第3天的狀態

圖6　授粉對保鮮期的影響

因此，像這樣的切花必須謹慎處理，避免讓其授粉或受傷。

避免受到乙烯不良影響的方法

避免來自乙烯不良影響的最有效的方法，即是進行乙烯抑制劑處理。藉由以抑制乙烯作用藥劑為主要成分的乙烯硫酸銀錯體（STS）前處理劑，能明顯降低對花卉對乙烯的敏感度，進而避免乙烯造成的不良影響。除此之外，康乃馨和香豌豆花等切花的保鮮期也能藉此前處理大幅延長。

關於切花STS劑處理的方法與品質保持效果，在「前處理」單元（P.48）中有詳細的解說。

3

醣類不足

對植物而言，醣類除了是能量來源之外，也是調節滲透壓不可或缺的物質。因此，醣類在切花的品質保持上扮演著相當重要的角色。植物藉由光合作用合成醣類，但是為了讓切花行光合作用，有時會放置在光照不足的場所，因此幾乎無法自行合成醣類。而此結果便會導致切花的能量來源枯竭、切花品質低下。由上述情形來看，在切花的品質保持上，對醣類功能的理解是相當重要的。

醣類的功能與花卉中所含的醣類

對植物而言，醣類不僅是能量來源同時也是調節滲透壓、將水引進細胞內的重要物質。

切花品項中所含的主要醣類多為葡萄糖、果糖、蔗糖。但是，洋桔梗和香豌豆花的花瓣中的果糖含量極少。

龍膽的英文名稱為Gentian，龍膽屬中含有大量獨特的龍膽二糖（Gentiobiose）和龍膽三醣（Gentiotriose）。康乃馨則有大量能賦予植物耐鹽性和耐乾燥性的松醇（Pinitol）。飛燕草和金魚草內含有多量的甘露醇（Mannitol）；洋桔梗與香豌豆花則擁有多量的白堅皮醇（Bornesitol）。所述每個品項中都含有特殊的醣類，雖然目前都認為這些醣類對該切花都是相當重要的成分，但現階段這些醣類的功能尚還不明。

切花中醣類的動態

　　植物可藉由光合作用製造醣類。那麼，切花是否也能依靠光合作用來合成醣類呢？

　　切花在採收後的流通過程中，通常都會被放置在陰暗處，而且觀賞時室內的光照對植物行光合作用而言也不足夠。雖然開著燈的室內看起來很明亮，但是即使開著螢光燈，室內照度也大約只有1000勒克斯（lx），將其轉換成光合作用光量子密度後大約只有15μmol/m²/s。此光量不足以提供植物行光合作用合成醣類。其中尤以康乃馨在採收後光合作用能力大幅下降，所以即使放置在光量充足的地方，光合作用量也會極度地大幅下降。如上所述，切花幾乎無法藉由光合作用合成醣類。

　　因此，原本儲藏在切花中的醣類會在採收後因植物的呼吸作用被消耗，儲存量也相對漸漸減少（圖1），最終導致能量源不足而引起老化。

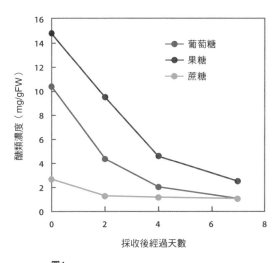

圖1

康乃馨（Barbara）切花花瓣中醣類的濃度變化

開花與醣類

花苞要開花需要大量的醣類。圖2為玫瑰開花過程中醣類含量變化的示意圖。從第一階段開花至第五階段的過程中，醣類含量明顯增加。此處範例品種為Rote Rose，通常會在醣類尚未蓄積的第二階段時採收。在一般慣行的最適採收期採收，僅靠蓄積在莖葉中的糖類量無法充分提供給切花開花所需的醣量。圖2顯示的為花瓣中蓄積的醣量，實際上植物在進行呼吸作用時也

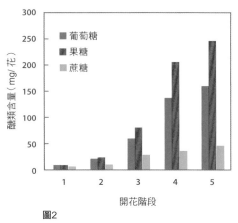

圖2
玫瑰（Rote Roze）開花過程中醣類含量的變化

需要醣類。由切花所吸收的提供醣類量來看，開花所需的醣類量為蓄積量的兩倍。因此，玫瑰切花便會在花瓣無法完全展開的狀態下枯萎凋謝。

花瓣會隨著花卉的成長慢慢展開。雖然也有品種間的差異，但一般而言，花瓣重量在最適採收期到完全展開的過程中，大約會增加五倍。花瓣是藉由構成細胞吸水肥大成長，為了成長，花瓣會將大量的醣類蓄積在細胞內；而且提升滲透壓也需要足夠的能量來源，所以花瓣在開花過程中需要大量的醣類。若只依靠採收時既已存在的醣類量並不足以讓花瓣開花；若能對切花作醣類處理便能促使花瓣細胞肥大，進而花瓣也會因此變大（圖3）。

圖 3
醣類處理對玫瑰（Rote Rose）
切花的保鮮期延長效果
左：水、右：葡萄糖（含抗菌
劑），開始處理後第15天

醣類與乙烯

醣類與乙烯生成有密切的關係。康乃馨、香豌豆花、飛燕草等高乙烯敏感切花的乙烯生成量會隨著採收後的經過時間上升，進而引起花瓣枯萎與脫落。此時，花瓣中的醣類含量明顯下降。由此可得知，醣類含量的下降是引起乙烯生成量上升的原因，因此也與引發老化有關。對這些切花實際進行醣類處理後的結果是乙烯生成量上升的時期延緩、保鮮期延長（圖4）。

對香豌豆花和飛燕草切花進行醣類處理後兩者對乙烯的敏感度都降低，即便將其放置在乙烯濃度略高的環境中也不會因此而老化。

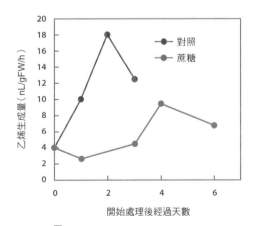

圖4
蔗糖處理對香豌豆花（Diana）切花乙烯生成量的影響

醣類與發色

　　當切花中所含醣類不足時，不僅花苞無法開得漂亮，花朵的發色也不完全。實際上洋桔梗等品項中，由花苞開成的花瓣發色不完全的原因即是醣類不足。黃色和粉紅色或紫色花瓣的發色物質為花青素，花青素的一部分即為醣類。糖質具有提升與花青素合成有關之基因表現的作用。由此可以得知，對切花進行醣類處理即可促進花青素的生合成，進而促使花苞發色（圖5）。

圖5
醣類處理對金魚草（Floral Showers Deep Rose）花朵大小與發色的影響效果
下：對照，上：蔗糖處理

　　在已經開花的切花中，可以發現紅色花瓣暗沉或桃紅色花瓣泛紫等現象。此為褪色的一種。在玫瑰中此種現象被稱為藍化（Blueing），是一直以來都令人困擾的問題。香豌豆花也有花色變淡問題。雖然只要對切花作醣類處理就能夠抑制褪色（圖6），但醣類抑制褪色的機制至今尚不明。

醣類處理的品質保持效果

　　醣類濃度下降時多數的切花當就會開始老化，保鮮期也縮短。因此，在栽培階段必須注意花卉的光照量等細節，以便促使花卉進行光合作用。這樣的細節對提升醣類儲存量也相當重要。

　　較上述方法更能有效保持品質的方法，則是對切花進行含葡萄糖或蔗糖等醣類的品質保持劑處理。在以滿天星、金魚草與在花苞階段便採收下來的

玫瑰等切花為首的多花苞切花品項上，醣類處理效果特別顯著（圖6）。對上述類型的品項進行醣類處理後，可明顯看到花瓣中的含醣量增加，及促進花苞開花與保鮮期延長的效果。而且花朵也相對變大、發色也變佳，甚至可抑制退色。

但是，生產者能進行的醣質處理時間只到出貨前。醣類作為能量來源，會在花卉的呼吸作用過程中被快速消耗；因此必須理解到消費者階段的後處理效果，比生產者階段的前處理效果佳。

圖6
醣類處理對玫瑰（Irene）切花的藍化抑制與保鮮期延長的效果
左：水
右：葡萄糖（含抗菌劑）處理，開始處理後第9天

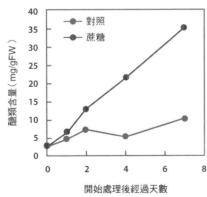

圖7
蔗糖處理對玫瑰切花花瓣醣類含量的影響
醣類量為葡萄糖、果糖與蔗糖的加總值

4

水分狀態惡化

切花多會因為水分狀態惡化而喪失觀賞價值。切花的吸水量與蒸散差,即為切花的水分狀態。因此,即使吸水量多,水分狀態也不一定很好。

蒸散與吸水功能

切花的吸水量與蒸散差即為切花的水分狀態。因此即使切花吸了大量的水,只要蒸散量超過吸水量,水分狀態便會惡化而導致枯萎(圖1)。相反地,即使吸水量少,但只要蒸散量等同於吸水量,切花的水分狀態便能維持

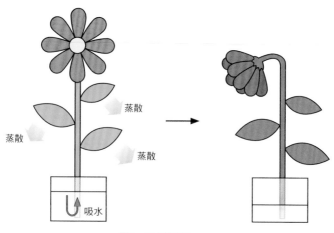

蒸散

蒸散

蒸散

吸水

圖1　吸水模式圖

在良好的狀態下。例如將切花放入塑膠袋中密封後的相對溼度大致為100%，幾乎不會發生蒸散作用。此時即使不供給切花水分，切花也不會枯萎。由此可以得知蒸散作用的重要性。

　　只要提高相對濕度，切花氣孔就會變得比較容易打開，但是飽和水蒸氣壓不佳，因為空氣中的水量減少

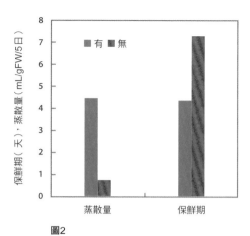

圖2
葉片摘取對玫瑰（Rote Rose）切花的蒸散量與保鮮期的影響

反而抑制了蒸散作用。相對地，降低相對濕度便會促進蒸散作用，進而導致吸水功能容易惡化。切花一受到光照，氣孔便會打開，此時蒸散量相對變多。若在陰暗處氣孔便會關閉，蒸散量也就會降低。

　　蒸散作用主要透過葉片背面的氣孔進行。雖然花瓣等非葉片器官也會行蒸散作用，但蒸散量極少。圖2是針對將五片葉片的玫瑰分別摘取掉兩片，和全部摘取後的蒸散量進行調查的結果，顯示出80%以上的蒸散量皆是由葉片蒸散。摘掉玫瑰切花葉片後的蒸散量明顯減少，因此大部分的水分狀態都能維持在良好的狀態下，保鮮期也相對延長（圖2）。

細菌等微生物與吸水功能

　　導致吸水功能惡化最直接的原因是花莖中輸送水分的導管堵塞。導致堵塞的最主要原因是細菌。除此之外，酵母等微生物也與導管堵塞有關。

　　細菌等微生物只要沒有營養來源就無法增殖。將切花插入水中後，便會從切口溶出醣類和胺基酸等微生物的營養來源之物質，如此便會促使微生物

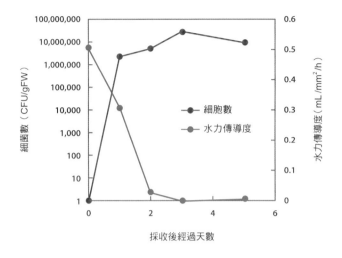

圖3
玫瑰（Sonia）切花中細菌數與水力傳導度的變化
水力傳導度越低代表導管堵塞情況越嚴重

增殖。隨著切花的吸水作用，增殖的細菌便會覆蓋在切口的表面，最終導致導管堵塞（圖3）。

　　切花是否容易受到細菌影響，與花卉品項有非常大的關係。容易受細菌影響的代表品項有玫瑰與非洲菊，只要1mL的插花水中含有100萬個以上的細菌導管就會堵塞而導致吸水功能惡化。康乃馨就不容易受到細菌的影響，即使1mL的水中含有1億個以上的細菌也不會導致導管堵塞。比康乃馨更不容易受到細菌影響的品項為鬱金香等球根類花卉。雖然細菌對切花的影響程度在不同品項間有很大的差異，但現階段其理由還尚不明。

　　插花水中的細菌分布不均，細菌會在外層分泌多醣體，形成稱為生物膜的黏膜層並附著在容器壁面增殖。因為活菌比死菌更容易導致導管堵塞，因此目前一般認為是由活菌分泌出的多醣體所形成的生物膜導致導管的阻塞。

空氣

　　空氣也是堵塞導管的重大主要原因之一。在日本國內主要的乾式運輸過程中，切花切口皆暴露在空氣中（圖4）。空氣從切口進入導管，進而阻礙切花的吸水。因此，以乾式運輸的切花必須經過修剪。

　　乾式運輸的時間長，花莖上方會因為水分散失而產生氣泡。此種現象被稱為Cavitation。雖然現階段乾式運輸過程中Cavitation現象的發生程度還尚不明確，但已被認為會阻礙到之後的吸水功能。另外，乾式保管的新鮮重若未滿60%，新鮮重的恢復就會變得極為困難（圖5）。由此可得知，切花離水時間越短越好。

圖4
乾式運輸的金盞花切花

傷害反應

　　藍星花切花無論從哪個部位切斷，都會從切口分泌出白色的汁液。隨著時間經過，白色汁液漸漸固化，便會阻擾到切花吸水功能（圖6）。此現象是因切斷導致的一種傷害反應。像這樣由切斷導致的傷害會引起導管閉塞。在聖誕紅上也能看到同樣的情形。

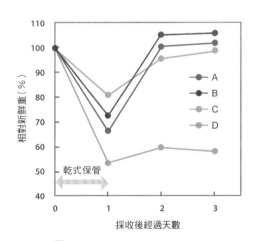

圖5
乾式保管對玫瑰切花新鮮重恢復的影響
圖為對A、B、C、D四種不同切花進行23℃乾式保管之後，再插入水中的相對新鮮重變化

雖然不像藍星花一樣可以眼睛確認，但菊花和泡盛草、寒丁子等切花的導管閉塞也與花莖切斷的傷害反應有關。這類切花因為切口表面木質化而導致導管阻塞。雖然目前一般都認為這些因花莖切斷受到的傷害能夠防止病原菌等的入侵，但其最終的結果是會阻擾花卉的吸水功能。橄欖等擁有木化莖的枝材花卉通常吸水功能不佳，一般認為這些品項的導管閉塞應該也與傷害反應有關。

圖6
藍星花切口分泌的汁液

防止吸水功能惡化的對策

蒸散作用與時間有關，白天的蒸散作用較旺盛。吸水功能容易劣化的切花必需避開蒸散旺盛時期採收。能有效降低蒸散作用的方法有：去除多餘的葉片、以濕報紙包裹切花提高周遭濕度、置於低溫暗處使其氣孔關閉。

抑制細菌增殖，只需使用含有抗菌劑的水即可。藉由抗菌劑處理能有效降低因細菌引起的導管堵塞、改善水分的吸收與蒸散的平衡（圖7）。抗菌劑也多能有效抑制傷害反應。

濕式運輸能有效防止因空氣導致的吸水功能惡化情形，應該盡可能縮短切花的離水時間。

熱水法也能提高吸水效果。熱水法分成浸在熱水中十幾秒的方法與使用40至50℃左右的溫水進行處理的方法。浸泡在熱水的處理機制在於藉由殺死切口附近的組織，以達到抑制傷害反應的效果（圖8）。而溫水水揚處理的機制則是藉由降低水的表面張力以達到促進吸水的效果。除此之外，中性洗劑

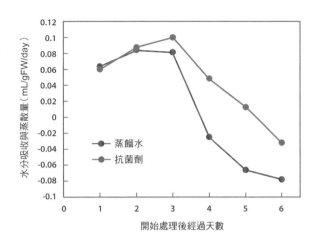

圖7
抗菌劑對玫瑰（Sonia）
切花的水分吸收與蒸散
量的影響

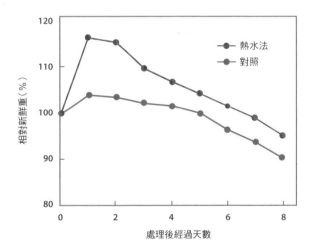

圖 8
熱水法對橄欖切枝的相
對新鮮重變化的影響效
果（田中・市村）
熱水法：使用熱水進行
20 秒

主要成分的界面活性劑也能降低表面張力、促進吸水功能，因此很具有嘗試
的價值。

5

葉片黃化

部分品項在花朵喪失觀賞價值之前，就會因葉片或花莖黃化失去觀賞價值。此類代表有水仙百合、百合、鬱金香、水仙等球根類切花。以菊花為首的菊花科花卉的葉片黃化或枯萎，通常也會比花朵枯萎得早。另外，星辰花也有莖葉黃化的問題。

球根類的葉片黃化

從水仙百合葉片中吉貝素（植物賀爾蒙）含量的減少，與可經由吉貝素處理來抑制葉片黃化的這兩點來看，可以判斷是因為吉貝素不足導致葉片黃化。百合與水仙的切花也可經由吉貝素處理來防止葉片黃化，因此此兩種花卉的葉片黃化也與吉貝素有關（圖1）。

另一方面，鬱金香使用合成細胞分裂素6-Benzylaminopurine（BA）處理會比使用吉貝素處理更能有效防止葉片黃化。因此，鬱金香葉片黃化的機制與水仙百合和百合可能不同。

圖1
吉貝素對日本水仙切花葉片黃化的影響
左：對照，右：吉貝素（含STS）保鮮期
檢定第14天

菊花科切花的葉片黃化

　　以菊花為首的菊花科花卉的葉片黃化是由乙烯引起（圖2）。不過，葉片黃化的問題與品種有非常大的關係，像是最近的主要品種神馬，就幾乎沒有此問題；而精興之誠與曾經為主要品種的秀芳之力，就很容易因乙烯導致葉片黃化。多花型菊花與小菊花的品種間差異也很明顯。但只要不進行乙烯處理數日以上就不會引起葉片黃化。STS劑處理也可防止葉片黃化。

星辰花的莖葉黃化

　　星辰花切花是在高溫下容易發生莖葉黃化的品種（圖3），可藉由吉貝素處理防止。

　　星辰花與百合即使使用乙烯處理數日也不會促使莖葉黃化，所以此類品項與菊花不同，葉片黃化的機制與乙烯無關。

圖2
乙烯處理。對菊花（Country）進行10ppm
乙烯處理3天後的狀態

圖3
星辰花（Seixal Sky）切花的莖葉黃化
插於水中並持續保管於 30℃環境中 3 天

6

花莖伸長・彎曲

鬱金香切花在觀賞期間花莖會明顯伸長，其中有些會因為花莖彎折而喪失觀賞價值。陸蓮花有時也會發生相同的問題。金魚草和劍蘭等品項的花穗，容易在乾式運輸過程中彎曲，所以需要進行調整，基本上是品質管理上的問題。

花莖伸長

鬱金香切花的花莖在觀賞期間中也會繼續伸長。當伸長過度便會因彎折而喪失觀賞價值，而此種情況有著非常明顯的品種差異。主要品種之一Ile de France和Rinfandamaku的花莖就容易過度伸長、彎折（圖1）。Capri和Strong Gold等品種的花莖則不會伸長至彎折程度。

圖1
鬱金香（Ile de France）切花的花莖伸長

鬱金香花莖伸長的機制已經證明出是由促進植物生長的植物賀爾蒙：生長素與吉貝素所引起。對鬱金香使用乙烯釋放劑的益收生長素（Ethephon）能夠抑制花莖的伸長。雖使用鬱金香切花用前處理劑也能抑制花莖伸長，不過根據推斷，該前處理劑中也含有益收生長素。

　　陸蓮花若採收時期過早也會出現花莖伸長的現象，而且觀賞期間的氣溫越高越容易導致花莖彎折。現階段的對應方式為延後採收時期，尚未開發出其他有效辦法。

花莖彎曲

　　金魚草、紫羅蘭、劍蘭等切花品項，只要將切花橫放花穗便會朝上彎曲（圖2）。在橫置乾式運輸中的花穗便容易產生彎曲，因此必須在零售店中進行調整。不過溫度越低花穗彎曲的發生率也越低。

　　金魚草的花穗彎曲與鈣離子和乙烯有關。雖然有實驗證明，經由各種藥劑處理後能防止花穗彎曲，但現實上還尚未開發出能防止花穗彎曲的實用品質保持劑。

圖2
金魚草（Yellow Butterfly）切花的花穗彎曲

33

保鮮期保證販售

在各種問卷調查中，表示希望能有一周左右保鮮期的消費者最多。為了滿足消費者對保鮮期的需求，在販售時註明並保證切花保鮮日數的販售方式，稱為保鮮期保證販售。若在保證日期前喪失觀賞價值，可以更換其他現有商品。

保鮮期販售始於1933年的英國大規模超商。自此且在往後15年間，英國的切花消費率約上升至3倍。因為成績優異，所以現在歐盟各國基本上皆有採用保鮮期保證販售。

日本大約在15年前也有數間零售店採用保鮮期保證販售，但最終還是沒有成為日本國內固定的販售方式而消逝。但其後因為切花消費低迷，再加上證明出消費者對保鮮期的需求非常高，所以保鮮期保證販售的回歸機運也漸漸高漲。大約在5年前，某間以琦玉縣內為中心開設了數間店鋪的食品超商，開始進行保鮮期保證販售。之後日本國內的幾間大規模超商也開始投入，除此之外，札幌市內和東京都內或廣島市內的零售店等，也都開始進行保鮮期保證販售。

為了保證切花的保鮮期，必須重新檢驗預計販售切花的保鮮期。再加上需要極力縮短運輸期間，所以也必須適當地進行溫度管控。有很多種品項也需要使用消費者用品質保持劑。

保鮮期販售的狀況
（Flower Shop MIYAMOTO，廣島市）

第2章

切花
品質管理技術

1

品質管理概要

切花從生產階段便需要進行品質管理。由生產者出貨的切花在到達零售店之前,一般會經過市場與中盤商。而到達超商等量販店之前,則會經過市場與花束加工業者(圖1)。要讓擁有良好保鮮期的切花在市面上流通,就需要相關各層的努力。

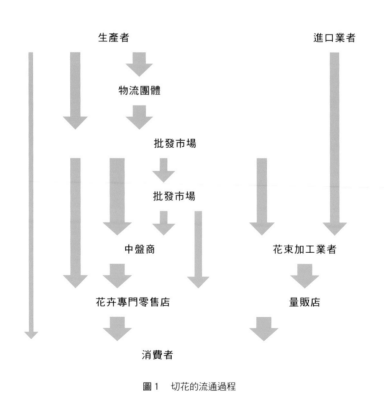

生產者   進口業者

物流團體

批發市場

批發市場

中盤商   花束加工業者

花卉專門零售店   量販店

消費者

圖1　切花的流通過程

生產

栽培方法會影響到切花的保鮮期。例如在高濕度環境下栽培的玫瑰會因氣孔喪失開閉機能而導致吸水功能惡化、保鮮期縮短。同樣地，菊花栽培在高濕度環境中也會導致保鮮期縮短。如上所述，目前在某個程度上已經闡明造成保鮮期縮短的栽培環境，但是現階段尚未有生產保鮮期長切花的指導手冊。

保管與運輸

為了配合拍賣日或達到出貨所需枝數，一般在出貨前都會有一段短暫的切花保管期。同樣地，在零售階段從進貨到販售之間也會有數日的保管期間。但是切花保鮮期有限，保管期間越長保鮮期越短。而且運輸過程所花的時間越久保鮮期又會更短。另外，高溫亦會加速保鮮期縮短，因此需要低溫保管與低溫運輸，並盡可能地縮短保管與運輸的期間。

利用品質保持劑

雖然也與花卉的品項有關，但延長切花保鮮期最簡單且有效的方法就是品質保持劑。生產階段用、運輸階段用、零售階段用、消費者階段用的品質保持劑在一般市面上都能看到。不過，在品質保持劑的使用上，必須先理解其中所含成分效果後，再選用適合該品項的產品。

對高乙烯敏感的切花，在生產者階段就必須使用以乙烯抑制劑為主要成分的前處理劑，來對切花作適當的處理。藉由含醣類的前處理劑處理等，可以增加切花的醣類儲藏量；但因為如此還是無法提供足夠的醣類來維持品質，所以也必須理解到在消費者階段使用後處理劑（切花的營養劑）的必要性。

2

栽培與切花保鮮期

栽培環境條件與栽培方法對切花保鮮期有相當大的影響。生產者最關心的應該就是如何生產出保鮮期長的切花。但很可惜地,現階段尚未制定出指導如何生產擁有優良保鮮期的切花的指導手冊。但是以目前研究考察出來的成果來看,是已經可以提出某種程度的有效方法。

栽培時的環境條件與保鮮期

切花的保鮮期受到栽培時環境條件的影響。一般在高溫期採收的切花保鮮期多比在低溫期採收的切花短。菊花、非洲菊等切花在栽培時的氣溫越高,保鮮期越容易變短;鳶尾花、鬱金香與小蒼蘭等,則是當栽培時的夜間溫度上升越高、保鮮期越短。

金魚草切花雖然能藉由醣類與抗菌劑後處理來延長保鮮期,但若是在高溫下栽培,之後即使適切地進行了後處理,也無法充分地延長保鮮期(圖1)。高溫條件導致保鮮期縮短的原因,可推斷應該是因為高呼吸活性使得

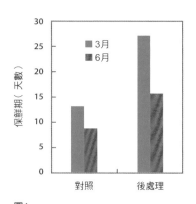

圖1

金魚草(Yellow Butterfly)切花保鮮期的季節差

原本儲藏的醣類被快速消耗。但是，從後處理品質保持效果有限這點來看，可斷定原因不只是因為醣類不足，而是還有醣類量之外的其他要因。

菊花與康乃馨在栽培時光線越強保鮮期越長。因強光條件促使保鮮期延長的原因，在於植物的光合作用活性提升，而增加了醣類的儲存量。實際對菊花切花作遮光處理後，可看到保鮮期明顯縮短（圖2），不過在栽培時施加二氧化碳便能延長保鮮期。由此結果來看，可以得知由光合作用合成的醣類與保鮮期有密切的關係。

飛燕草在弱光下的光合作用活性低（圖3），醣類的儲藏量也少，最終促使乙烯生成與落花。

玫瑰在栽培時相對濕度越高保鮮期越短。在高濕度環境下栽培的玫瑰，葉片氣孔開閉機能受阻。此狀態下的花莖在採收後氣孔也無法關閉，因此水分散失量也相對增加；最終因吸水量低於

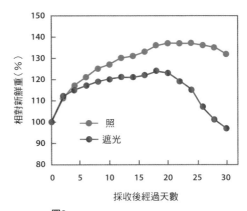

圖2

摘苞期遮光對菊花（神馬）切花新鮮重的影響（改編自石川等）

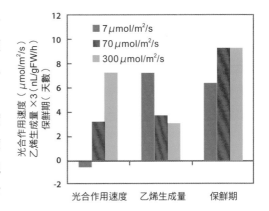

圖3

光照強度對飛燕草（Beramosamu）的光合作用活性、乙烯生成量與保鮮期的影響（改編自Tanase等）

蒸散量而導致水分狀態惡化、保鮮期縮短。相反地，低濕度環境中栽培的玫瑰因為氣孔開閉機能正常，所以保鮮期也長。

　　設施內相對濕度在門窗緊閉的冬季相對較高。冬季採收的玫瑰保鮮期較短，原因在於設施內的相對溫度高。

　　設施內的溼度高，容易促使灰黴病的發生。灰黴病多出現於消費者階段，導致在觀賞期間花瓣掉落、保鮮期縮短。因為感染時間多在生產者階段，所以必須注意設施內的濕度。

　　雖然目前對玫瑰之外品項的保鮮期與濕度關係研究還不足，但同樣在栽培上也需要十分注意設施內濕度。

栽培時環境條件的綜合影響

　　菊花栽培在高溫、多濕、低日照的環境下保鮮期明顯縮短。高溫、低日照則促使葉片黃化。高溫、多濕的栽培環境，則除了會降低氣孔開閉機能之外，也會抑制花莖維管束的生長；因此導管數減少，吸水功能下降，進而鈣離子吸收受到阻導致莖葉軟弱無力。高溫、多濕、低日照的環境條件會導致

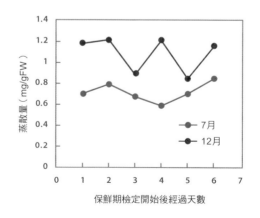

圖4
玫瑰（Rote Rose）切花蒸散量的季節差

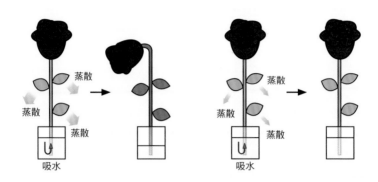

冬季 —— 高濕度環境生產　　　　夏季 —— 低濕度環境生產

蒸散　　　蒸散　　　　　　　　蒸散　　蒸散

蒸散　　　蒸散　　　　　　　　蒸散　　　　　蒸散

吸水　　　　　　　　　　　　　吸水

圖5　栽培時的濕度環境與保鮮期模式圖

保鮮期縮短，大概是多數切花共通的情形。因此，在梅雨季等條件下生產的切花，都必須特別注意處理。

　　冬季採收的玫瑰切花水分蒸散量比夏季採收的切花多（圖4），保鮮期也相對較短。冬季保鮮期短的原因很有可能是因為生產設施內的相對濕度高，所以導致氣孔開閉機能受阻。

栽培方法 · 肥培管理與切花保鮮期

　　玫瑰除了土耕之外，多會採用搭配礦棉等纖維材質的養液栽培法栽培。比較土耕與礦棉栽培的玫瑰切花保鮮期，可發現礦棉栽培玫瑰的保鮮期略短。一般而言，養液栽培有生長旺盛的傾向，葉片通常容易變大。因為蒸散量與葉片面積成正比，所以葉片大的切花會因為過度蒸散而導致吸水功能惡化、保鮮期縮短。所以，若採用養液栽培方式栽培必須注意避免葉片生長過剩。

理論上，降低土壤水分栽培出整體質感硬挺的花卉保鮮期越佳。實際上也已經證明，在控制澆灌量下栽培出的菊花和康乃馨切花的保鮮期，有明顯變長的現象。澆水量越多，便越會促使葉片肥大，因此蒸散量也會增加。所以，澆水過多造成保鮮期縮短的原因之一，很有可能是因為葉片面積的增加。

　　想要生產出具有商品價值的切花需要適當的施肥。但是多肥條件栽培出的切花，一般保鮮期都不長。菊花和玫瑰在多氮條件下栽培，切花保鮮期也會縮短。菊花在高溫、多濕條件下栽培除了會過度吸收氮之外，也會阻礙鈣的吸收導致保鮮期縮短。玫瑰的鈣施肥量越多保鮮期越長。非洲菊在採收前撒布鈣可抑制花莖彎曲、延長保鮮期。鈣具有強化組織的作用，目前也證明非洲菊和金魚草切花在採收後進行施鈣處理也可以防止花莖彎曲（圖6）。因此想要生產保鮮期長的切花，可以參考採用能提高鈣含量的栽培體系。

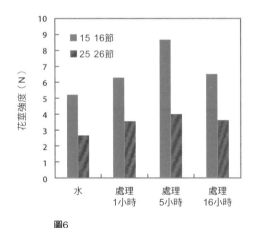

圖6
氯化鈣前處理對金魚草切花花莖強度的影響
（改編自深井・上原（2006））

送風處理與覆網的品質保持效果

　　冬季設施內過濕，玫瑰保鮮期容易變短。栽培中可藉由通風處理降低葉面附近的濕度，減少採收後的蒸散量，如此即能抑制因過濕導致的保鮮期縮短。另外，送風處理能促使二氧化碳的吸收，亦有增加收成量的效果。

洋桔梗、龍膽、金魚草等因授粉
導致乙烯生成增加、保鮮期縮短的切
花品項相當多。尤其以露地栽培為主
的龍膽，會因為訪花昆蟲的授粉導致
保鮮期明顯縮短。防蟲網能有效防止
訪花昆蟲。設置防蟲網（圖7）能防止
訪花昆蟲飛入，進而防止保鮮期縮短
（圖8）。金魚草也能藉由覆網防止訪
花昆蟲飛入，達到抑制落花的效果。

圖7
防止訪花昆蟲的防蟲網

　　同樣以露地栽培為主的龍膽除了
會因為薊馬類昆蟲的吸汁導致品質大
幅降低之外，保鮮期也會縮短，因此
必須徹底實施害蟲的防除。玫瑰和洋桔梗感染灰黴病會導致切花保鮮期明顯
縮短，因此必須徹底防除病害。

圖8
設置防蟲網對龍膽切花保鮮期的影響
左：未處理，右：防蟲網處理

品質保持劑

延長切花保鮮期用的藥劑，稱為品質保持劑或鮮度保持劑。雖然也有人稱為延命劑，但因為會有勉強延長瀕死切花的保鮮度的印象，所以較不適當。延長切花保鮮期最有效且簡便的方法，多為適當使用品質保持劑處理。

品質保持劑的種類與所含成分

品質保持劑大致可以分成生產者在出貨前使用的前處理劑，濕式運輸中使用的運輸用品質保持劑，零售階段使用的零售用品質保持劑，與消費者階段使用的後處理劑（圖1）。

零售階段使用的品質保持劑又多被稱為中間處理劑，消費者階段使用的後處理劑多被稱為Flower Food。最近生產商之間則有統一稱為切花營養劑的動向。

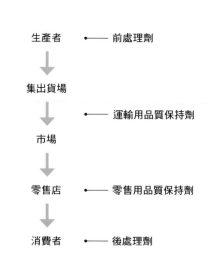

圖1　切花的流通過程與品質保持劑

品質保持劑	主要成分
前處理劑	乙烯抑制劑・植物成長調節物質・醣類・抗菌劑・界面活性劑
運輸用品質保持劑	抗菌劑・醣類
零售用品質保持劑	醣類・抗菌劑・植物成長調節物質
後處理劑（切花營養劑）	醣類・抗菌劑・無機鹽・植物成長調節物質

表1　品質保持劑中所含主要成分

品質保持劑中含有各種成分（表1）。代表物質有乙烯抑制劑、醣類、抗菌劑、植物成長調節物質等，還有界面活性劑、無機鹽等。

乙烯抑制劑

阻礙乙烯生合成或作用的物質稱為乙烯抑制劑。目前有許多物質被開發成乙烯抑制劑，其中一部分被用作品質保持劑的成分。

乙烯抑制劑多使用具有抑制乙烯作用的硫代硫酸銀錯體（STS）。銀離子能抑制乙烯的作用，從很久以前就已廣為人知。不過，硝酸銀為一般的銀化合物無法在植物體內移動，STS則能提升銀的移動性。STS除了價格低廉之外，延長保鮮期的效果也非常好（圖2）。

其他還有Aminooxyacetic Acid（AOA）、2-Aminoisobutyric Acid

圖2
STS前處理對香豌豆花（Ripple Peach）切花保鮮期的影響
左：對照，右：STS前處理，保鮮期檢定第6天

（AIB）、1-methylcyclopropene（1-MCP）等乙烯抑制劑也常用作前處理劑的主要成分。1-MCP雖為強力乙烯專用抑制劑，但延長花卉保鮮期的效果不如STS，不過對蘭花類較有效，進口蘭花類切花的前處理應該就是使用此劑。

糖質

醣類為能量來源及調節細胞內滲透壓的物質是非常重要的物質。尤其花苞在開花過程中需要相當大量的醣類，醣類處理對玫瑰、洋桔梗、滿天星等，在花苞階段採收的品項或多花苞品項的品質保持效果最佳。

醣類多為葡萄糖、果糖與蔗糖。其中，前處理劑中使用的成分為具有即效性的蔗糖，後處理劑多使用葡萄糖或果糖（圖2）。

連續醣類處理的情況下，葡萄糖、果糖延長保鮮期的效果較蔗糖高，但目前其理由尚未闡明。但是，菊花、玫瑰、洋桔梗等切花品項中，高醣類濃度會促使葉片受到藥害，需多加注意。

葡萄糖	多用於後處理劑
果糖	
蔗糖	多用於前處理劑

表2　使用於處理劑中的醣類

圖3
蔗糖處理導致玫瑰切花葉片受到藥害

抗菌劑

切花用水中細菌等微生物的增殖會阻礙切花的吸水功能。抗菌劑能抑制微生物的增殖、促進吸水功能。雖然都稱為抗菌劑，但實際上有各種物質。品質保持劑中使用的抗菌劑抗菌效果高，很有可能被使用在安全性高的工業用製品中。詳細情況因為是商業機密所以未能深入了解。

植物成長調節物質

只要極微量就能調節植物成長的物質，稱為植物成長調節物質。其中，植物賀爾蒙為存在於植物體內的物質。

乙烯利（Ethephon）為乙烯發生劑。鬱金香切花在觀賞中花莖明顯伸長、喪失觀賞價值，比較嚴重者則會彎折。藉由乙烯利處理可抑制花莖的伸長，不過單獨處理會阻礙花瓣的成長，進而引起保鮮期縮短的副作用。

吉貝素有抑制水仙百合和百合等的葉片黃化效果，且略有延長保鮮期的效果。水仙百合用前處理劑中含吉貝素。

其他成分

除了上述成分之外，還含有界面活性劑與無機鹽等成分。界面活性劑有降低表面張力、促進吸水功能的作用。但是品質保持劑中使用的界面活性劑不明。鉀離子具有調節滲透壓，促使水液流入細胞內。

市售品質保持劑效果有商品上的差異性，因此除了上述的物質之外可能也含有其他物質。

4

前處理

康乃馨、飛燕草、香豌豆花等對乙烯敏感的品項，只要在生產者階段使用乙烯抑制劑處理，即能得到非常高的保鮮期延長效果。除此之外，也有很多藉由前處理劑能得到高品質保持效果的品項。以此來看，切花的品質管理上前處理極為重要。

前處理劑中所含成分

前處理劑中有多種成分。代表成分有以STS為首的乙烯抑制劑、醣類、抗菌劑、植物成長調節物質、界面活性劑、無機鹽等。但是，市售的前處理劑中所含物質因為多為商業機密，所以不明點較多。表1為出貨前處理劑的主要成分與對象品項。

以STS為主要成分的前處理劑最普遍。STS為乙烯作用抑制劑，具有延

成分	切花品項
STS	康乃馨・飛燕草・香豌豆花
STS+醣類	洋桔梗・滿天星・星辰花
STS+吉貝素	水仙百合・百合・火焰百合
STS+界面活性劑	金魚草・寒丁子
BA	濕地性海芋・大理花
抗菌劑	玫瑰・菊花・非洲菊・向日葵

表1 前處理劑成分與對象品項

效果	切花品項
延長1.5倍以上	康乃馨・香豌豆花・飛燕草
延長近1.5倍	洋桔梗・金魚草・紫羅蘭・水仙百合・水仙
幾乎沒有延長	菊花・非洲菊・百合類・鬱金香・大理花・向日葵・火焰百合

表2　STS劑的品質保持效果

長高乙烯敏感切花保鮮期的效果。

　　市面上售有洋桔梗、滿天星、星辰花等切花專用的前處理劑。每一款內成分中除了STS之外，還加有促使小花開花的醣類，但整體組成皆不同。市售水仙百合用前處理劑，除了有STS之外還加有抑制葉片黃化的吉貝素。而為了促進吸水，也有STS加界面活性劑的前處理劑。

　　除上述處理劑之外，市面上還有以抗菌劑為主要成分的前處理劑，以及以醣類、抗菌劑、無機鹽為主要成分的通用前處理劑。

前處理劑的品質保持效果

　　對乙烯敏感的切花大多數使用STS的品質保持效果都極高（表2）。其中尤以康乃馨、香豌豆花、飛燕草切花的STS劑處理效果極佳，可將保鮮期延長2至3倍（圖1）。這些品項若無經過適當的前處理，後面品質管理即使再適當也無法得到充分的品質保持期。所以，可以說根據品項的不同，前處理對切花的品質保持非常重要。

圖1
STS處理對康乃馨（Eskimo）保鮮期的影響
左：對照，右：STS，保鮮期檢定第2天

洋桔梗、滿天星與星辰花用前處理劑的主要成分為STS與醣類。在生產者階段只要以STS處理半天左右，就幾乎能消除切花對乙烯的敏感性，也不需要後處理。但是，僅依靠前處理並無法提供充分的醣類。因此，這些切花在消費者階段的後處理也非常重要。

　　市面上也有以抗菌劑為主要成分的前處理劑。但即使使用此劑處理切花，在消費者的觀賞階段也幾乎沒有抑制細菌增殖的效果，因此必須了解前處理劑的品質保持效果是有限的。

　　市面上也有球根用前處理劑。雖然成分為企業秘密所以無從得知，但推測應該含有吉貝素或細胞分裂素等植物成長調節物質。現已經證明可延緩百合和鳶尾花的每一朵花的老化，同時也有延長保鮮期的效果。另一方面，在

圖2
乙烯利與 BA 前處理對鬱金香（Christmas Dream）品質保持效果的影響
左：對照，右：前處理，保鮮期檢定第6天

劍蘭上可看到促進花苞開花的效果。

　　鬱金香使用乙烯發生劑乙烯利（Ethephon）與合成細胞分裂素劑6-Benzylaminopurine（BA）前處理，可抑制花莖的伸長與葉片黃化。因此，將上述植物成長調節物質進行搭配作為前處理劑處理，便能有效達到品質保持的效果（圖2）。

　　濕地性海芋切花可藉由撒布BA或浸漬處理來延長保鮮期。一般透過海芋的吸水活動使其吸收BA的處理方法並無法達到品質保持的效果，但原因尚不明。同樣地，大理花切花藉由撒布BA的處理方式也可延長保鮮期。目前也漸漸開發出使用植物成長調節物質的新前處理方法，所以市面上也能看到這一類的前處理劑。

前處理液的調製與處理時間

　　市售前處理劑必須依照說明書以水稀釋至規定濃度，並在規定的時間處理。反覆使用以前處理調製而成的前處理液，會容易因為細菌等微生物的增殖導致吸收受阻，所以效果並不佳。因此前處理液的使用原則上以一次為限。

　　康乃馨、香豌豆花、飛燕草等對乙烯敏感的品項，雖然以主要成分為STS的前處理劑處理能大幅延長保鮮期，但在處理時有幾點須注意的細節。

　　一般而言，剛採收後切花的乙烯生成量最低，但隨著經過時間會漸漸上升。康乃馨切花一般在採收五天以後會慢慢增加，香豌豆花切花則在採收一天後乙烯生成量就會明顯增加並老化。因此STS處理須在採收後立刻進行。若有可能，也應該考量在花圃中直接處理。實際上，也有採收後立即在溫室中進行前處理的生產者。

前處理劑處理的實際狀況

　　至於前處理的環境條件，雨天等高濕度的條件下，因為蒸散效果被抑

制，所以植物無法完全吸收前處理液，而導致品質保持效果不足。尤其在低溫高濕環境下進行處理時，必須注意會因為飽和水蒸氣壓欠差小，導致前處理液的吸收量也容易減少。

從吸水量與前處理劑的銀濃度中計算被切花吸收的銀量，即可確認切花是否有吸收適當量的STS劑。康乃

圖3
福島昭和村的菅家氏在花圃中對滿天星進行前處理

馨每100g的切花需要吸收2μmol的銀。飛燕草和香豌豆花達到延長保鮮期效果的所需銀量也已經被證明，所以只要確認銀吸收量是否達標即可。STS劑的處理時間過長或濃度過高都會產生藥害，必須注意。

但即使進行低濃度長時間的STS劑處理，在延長保鮮期面上也不一定能得到最好的效果。飛燕草切花在0.2mM的STS處理之下，花卉內能蓄積適當的銀量；但是以0.1mM的STS進行長時間的處理無法讓花卉儲藏足夠的銀量，且品質保持效果惡化，因此也必須注意（圖4）。

雖然必須盡可能地避免反覆使用前處理液，並以一次為原則，但市面上也有需與前處理液搭配使用的抗菌劑。雖然搭配使用可以反覆數次，但實際使用時還是必須依照生產商的說明書進行。

新前處理的方法

一般來說，前處理液都是藉由切口吸水一併吸收，但也已開發出其他的處理方法。

濕地性海芋切花可藉由撒布BA或浸漬處理（圖5）將保鮮期延長1.5倍左右。但是，一般藉由吸水吸收的方法無法期待品質保持的效果。大理花切花藉由撒布BA劑處理可延長保鮮期約近1.5倍。撒布或浸漬的前處理，在處理後到裝箱前須將花晾乾，所以也較費手續。但是，撒布或浸漬法可以讓花直接吸收前處理液，所以比一般的吸水法更有效。其他品項也應該需要參考此處理法。

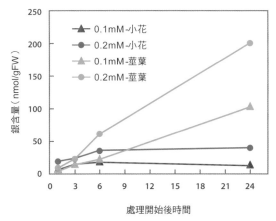

圖4
STS處理後，Sinense系飛燕草切花中的銀蓄積量（改編自黑島等）

圖5
濕地性海芋切花的 BA
浸漬處理

5

前處理劑之外的品質保持劑

品質保持劑除了有前處理劑之外，還有運輸用品質保持劑、零售用品質保持劑、消費者用品質保持劑。消費者階段使用的品質保持劑，多被稱為後處理劑或Flower Food。最近，品質保持劑製造商之間有統一將其稱為切花營養劑的趨勢。

運輸用品質保持劑

為濕式運輸時使用的品質保持劑，主要成分為抗菌劑，用來抑制容器水中微生物的增殖。因為僅是用來抑制因細菌等微生物引起的保鮮期縮短問題，所以無法期待延長切花保鮮期的效果。

藉由使用抗菌劑加醣類的品質保持劑提供切花能量來源，即有可能延長保鮮期（圖1）。切花吸收醣類量越多保鮮期延長效果越佳。因此從北海道等遠地運輸至首都圈等運輸時間長的情況，可以期待保鮮期延長的效果。

零售用品質保持劑

零售用品質保持劑又多被稱為中間處理劑。主要成分為醣類與抗菌劑，但是醣類濃度比消費者用品質保持劑低。較常看到的理由是因為醣類濃度高促使開花。不少相關業界人士都有「因為醣類會促使開花，所以當不想使其開花的時候，不提供醣類比較好」的想法。但是，這種理解方式其實是誤解。雖然醣類的確會促使開花，但是醣類並不會加快開花的速度。在運輸過

圖1
STS與蔗糖前處理劑與運輸中的蔗糖處理對金魚草（Yellow Butterfly）切花保鮮期的影響
自左起，抗菌劑（出貨前）→抗菌劑（運輸中）、STS→抗菌劑、蔗糖→蔗糖、蔗糖＋STS→蔗糖，保鮮期檢定第六天

程中不提供醣類，在原本應該開花的期間，花卉沒有得到足夠的醣類，結果反而干擾到之後的開花。從上述的情況來看，若先不考量成本問題，在運輸途中最好還是盡可能地持續提供醣類比較理想。

另有使用吸水促進劑的方法。吸水促進劑的主要成分為界面活性劑，只要將切口浸漬數秒就能促進吸水功能。像是雞冠花和薑荷花等品項，只要使用以界面活性劑為主要成分的品質保持劑處理就能促進吸水效果，因此也可以避免保鮮期縮短。

尚有散布類型的零售用品質保持劑，判斷應該是含有細胞分裂素劑。對大理花和紫羅蘭切花進行散布可延長保鮮期。

消費者用品質保持劑

　　消費者用品質保持劑多被稱為後處理劑或Flower Food。目前品質保持劑製造商也正在推廣統一稱為切花營養劑。後處理劑的主要成分為醣類與抗菌劑。另有含無機鹽的商品。除此之外，也推斷市售的各商品中都含有其他獨家的配方。大多數的後處理劑都會調整成能適用於多種品項的狀態，也有玫瑰用、球根類用等某品項專用的商品。

　　醣類部分一般皆為葡萄糖或果糖。目前已經證明在對玫瑰和康乃馨等品項進行醣類連續處理的情況下，葡萄糖和果糖延長保鮮期的效果比蔗糖高。但是，產生效果差的主要原因在現階段還不明。

　　多數的切花品項可以藉由後處理劑的處理來延長保鮮期（表1）。尤其對玫瑰、多花型康乃馨、洋桔梗、滿天星等多花苞切花的品質保持效果最高（圖2、圖3）。

　　切花保鮮期在高溫條件下容易縮短，但以後處理劑處理後多能抑制保鮮期的縮短。像大輪康乃馨（Standard Carnation）等以STS劑處理後可明顯延長保鮮期的品項，在經過適當的STS劑處理之後，於常溫中再進行後處理劑處理，所得到的保鮮期延長效果並不大。但在高溫條件下STS劑的品質保持效果大幅降低，在此種情形下使用後處理劑便能有效地延長保鮮期。

效果	切花品項
延長1.5倍以上	金魚草・滿天星・紫羅蘭・多花型康乃馨・洋桔梗 玫瑰・火龍果
延長1.2至1.5倍	水仙百合・非洲菊・菊花・劍蘭・大理花・向日葵・小蒼蘭
略為延長	大輪康乃馨・芍藥・陸蓮花・百合類
沒有效果	海芋・薑荷花・星辰花・金翠花

表1　後處理劑的品質保持效果

圖2
後處理對紫羅蘭（Quartet
Lavender）切花保鮮期的
影響
左：對照，右：後處理，
保鮮期檢定第十二天

也有使用後處理劑的品質保持效果不佳，甚至導致保鮮期縮短的品項。金翠花切花會因為後處理而促使苞葉黃化、保鮮期縮短。濕地性海芋和星辰花等則是無法延長保鮮期。這些使用後處理劑但看不到效果的品項特徵有「花瓣不是主要觀賞部位」等。

也有因為後處理劑導致葉片受到藥害的情形。其中，玫瑰需特別注意。

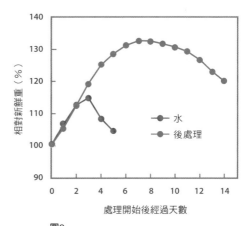

圖3
後處理對玫瑰（Rote Rose）切花相對新鮮重的影響

6

保管

切花在出貨前或在零售店中被販售以前，都有數日的保管期間。保管期越長切花保鮮期越短，因此要盡可能縮短保管期間。

但是，有時為了在到達出貨量會有不得不進行保管的情況。而在母親節、盂蘭盆節和彼岸（春分・秋分的前後3日期間）等節日期間為特需期，為了在特需期也能穩定出貨，必須規劃將提高保管的技術。

保管方法

切花在採收後至出貨前大多會有一天至數日的保管期間。保管方法依照是否供給切花水分大致可分為乾式保管和濕式保管。像玫瑰等水分狀態容易惡化的切花不適合乾式保管。保管中溫度越高、保管天數越長，切花保鮮期越短（圖1）。因此，切花以低溫保管並盡可能縮短保管期間最佳。

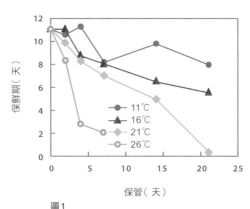

圖1
保管時間與溫度對玫瑰切花保鮮期的影響（自Tromp等作成）

日本國內切花一般多以5℃至10℃保管。目前,海外漸漸多以1℃左右保管。雖然日本國內能以1℃左右保管的冰箱基本上還尚未整備,但預計今後將需要更低溫的保管。

每種切花品項的最適保管溫度不同。火焰百合和薑荷花等熱帶及亞熱帶原產的切花若保管在10℃以下很可能會引起低溫障礙。東方型雜交百合(Oriental hybrid)保管在5℃以下也有可能引起低溫障礙。洋桔梗等的最適保管溫度不明,今後需詳細考察。

利用包裝資材的保管技術

極力縮短切花保管期間最為理想。但有採收期與出貨期限制的切花無法避免保管。為了避免保鮮期縮短,所以也開發出了利用包裝資材的保管技術。

MA包裝即是將切花密封在塑膠膜袋中,藉由呼吸作用降低氧氣濃度、蓄積二氧化碳。MA包裝多使用開有專用小孔的塑膠膜。藉由分散鑿開氣孔改變氧氣通過量即能改變袋內的空氣組成。使用包裝資材保管確實能延長龍膽等的保

圖2
低氧包裝抑制劍蘭(Princess Summer Yellow)切花開花進行的效果
左:一般包裝,右:低氧包裝

圖3
以真空包裝出貨的薑荷花切花

59

管期間，但因為價格較高，所以難以實用化。

　　低氧包裝為MA包裝的一種，是將脫氧劑封入袋內使氧氣濃度下降的方法。雖然與脫氧劑的量也有關係，但不僅能在包裝後一天內將氧濃度下降至1%以下，也能降低二氧化碳。藉由低氧包裝，可以抑制洋桔梗與劍蘭在包裝中開花，因此也能延長開封後的保鮮期（圖2）。

　　以包裝資材包裝切花，再盡可能減壓使空氣減少後密封的方法稱為真空（減壓）包裝。因為減壓可使容積減小、降低氧氣濃度，所以可以抑制呼吸、延長儲藏期間。因為真空包裝可使容積縮小，所以箱中可裝入更多切花，為極為有用的出口運輸方式，可期待日後的利用。此方法也用在進口切花上（圖3）。

溫度＆時間值的適用

　　要大致推算出因保管喪失多少保鮮期間，只須利用溫度＆時間值的概念計算（圖4）。此為荷蘭研究者所提倡的概念，如文字所示，為溫度與時間相乘的值。假設有維持20℃時，保鮮期為十天的玫瑰切花，該切花的溫度＆時間值為20×10＝200。若將此切花以10℃保管八天，溫度＆時間值便減少80。剩餘的溫度＆時間值為120，所以就等於若以20℃保管，保鮮期就剩下六天。以15℃保管四天，溫度＆時間值就減少60。保管後的溫度＆時間值即為140，所以在20℃的環境下觀賞，保鮮期即為七天。

　　另一個例子以使用了前處理劑的情形來作說明。康乃馨切花可藉由STS處理來延長保鮮期。因此，假設是維持在20℃的環境下保鮮期為八天的切花，此時的溫度＆時間值為160，但因為STS處理可將保鮮期延長至2倍，所以溫度＆時間值為320。若以10℃保管該切花七天，溫度＆時間值就減少至250；而經過保管的切花在維持20℃的環境下，推定能有十二・五天的保鮮期。

圖4　溫度＆時間值的概念

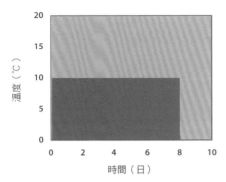

維持20℃時的保鮮期為十天的切花溫度＆時間值為20×10＝200（℃ 天）。

以10℃保管該切花八天，從下方的算式得知溫度＆時間值減少80（圖上）。10×8＝80（℃ 天）

維持20℃時，從下方的算式可得知該鮮花剩餘的保鮮期為六天。（200－80）／20＝6

以15℃保管四天，從下方的算式可得知溫度＆時間值減少60（圖下）。

維持20℃時，從下方的算式可得知該鮮花剩餘的保鮮期為七天。（200－60）／20=7

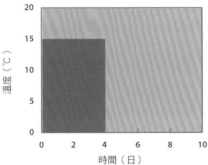

　　像這樣帶入溫度＆時間值的概念，就能夠定量地確認出保管溫度高時保鮮期容易縮短。但因為是單純化的概念，所以適用範圍有限。例如，在20℃環境中有十天保鮮期的切花，若以1℃保管，計算上應該可以保管兩百天，但實際上不可能。而且，根據是否經過品質保持劑處理，溫度＆時間值也會有所變動。因此，溫度＆時間值並非絕對指標，但作為參考數值相當有用。此概念的有效性在玫瑰上已經有某種程度科學上的證明。

7

預冷 · 運輸

> 運輸在切花流通上占了很大的時間,再加上許多品項在運輸過程中一般都不會供給水分。因此,運輸環境很有可能對消費者階段的切花保鮮期有很大的影響。預冷為海外一般用來保持新鮮度的方法,近年日本國內也重新認識到預冷的重要性。

預冷

在採收後或出貨前迅速降低切花溫度稱為預冷。採收後切花因為呼吸作用產生呼吸熱而使切花品溫升高導致品質降低。溫度越高呼吸量越大,儲藏醣類的消耗量也會隨著增加。為了避免上述因運輸中的呼吸作用等的消耗導致鮮度降低,最有效的方法即為低溫處理。若只是將切花放入冰箱中,品溫下降緩慢,效果並不理想。因此需要能迅速降低品溫的預冷。

適用於切花的預冷方式大致可分成冷風冷卻與真空冷卻,冷風冷卻又可分為強制通風冷卻與其改良法的差壓通風冷卻。

真空冷卻是藉由降低商品周遭的壓力促進商品的水分蒸發,再藉由此時被奪走的蒸發潛熱降低商品的溫度(圖1)。冷卻速度與其他方法比起來壓倒性地快,但問題的關鍵在於切花喪失過多水分會容易引起其他的障礙。

強制通風冷卻是強制以送風機攪拌預冷庫內中的冷氣,或直接以冷氣吹容器或產物使花卉冷卻的方法。有冷卻速度慢、容易產生品溫不均的問題。為了彌補強制通風冷卻的缺點而開發出來的即是差壓通風冷卻。藉由設置在

厚紙箱相對兩個側面上的通氣孔，將冷氣強制導入箱內，使冷氣與商品能進行直接熱傳導的方法（圖2）。

　　以上三種預冷方法中，差壓通風冷卻法最適合用來作為切花的預冷法。但是目前設施幾乎尚未普及，期望今後能普及完善。

圖1　真空預冷設施（JAいわて花卷，岩手縣西和賀町）

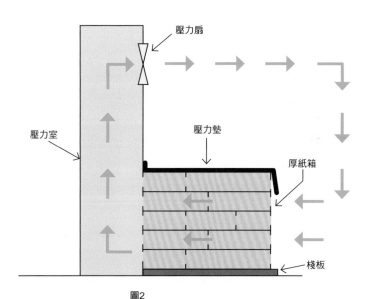

圖2
差壓通風預冷方式的模式圖

預冷的品質保持效果

　　水仙百合、康乃馨、菊花、洋桔梗、玫瑰等多種主要切花，藉由預冷達到的品質保持效果相當顯著。以常溫狀態運輸經過預冷處理的切花，會因為品溫迅速升高而喪失預冷效果。滿天星切花在經過強制通風冷卻預冷後，以低溫和常溫進行運輸模擬試驗，發現常溫環境下切花品溫急遽上升，乙烯生成量和呼吸量也增加。因此，必須採用低溫運輸。

切花的運輸方法

　　切花的運輸方法可以大致分成運輸過程中不供給水分的乾式運輸（圖3），與運輸過程中有供給水分的濕式運輸（圖4）。乾式運輸通常都是將切花橫放進入厚紙箱內，並以平放的方式運輸，但是非洲菊等花莖容易彎曲的品項有時也會以直立的方式運輸。

圖3
乾式出貨的星辰花切花

圖4
濕式直立式出貨的洋桔梗切花

濕式運輸有各種類型。其中，使用能回收再利用的水桶當作出貨容器的方法稱為水桶運輸（圖5）。

水桶運輸之外的濕式運輸也有很多種，最常見的方式是在一次性塑膠容器內裝水保存。通常在濕式運輸過程中箱子若傾倒水便會漏出來，但現在也已經開發出不會傾倒的運輸容器。另外，也有使用稍厚的塑膠袋的運輸方法。

也有許多採用結蘭膠或木漿等製的專用給水劑。但是，使用給水資材的給水能力比一般濕式運輸差。

圖5
水桶運輸（ELF系統）出貨的洋桔梗切花

除此之外還有只是將保濕劑覆蓋在切口處的簡易方式，但是此方式無法供給切花水分，所以很難稱其為濕式運輸。

濕式運輸的特徵

濕式運輸在過程中因為一直都有供給切花水分，所以切花可保持在高新鮮度的狀態。玫瑰、滿天星、洋桔梗、大理花等有吸水問題的切花適合濕式運輸。Sinense系飛燕草等水分喪失明顯的品項，也必須以濕式運輸法運送。

不容易使花受傷也是濕式運輸的重要特色。最近在花朵盛開的階段出貨的機率增加，但花瓣容易受傷。因此，濕式運輸最為妥當。另外，因為在濕式運輸過程中切花被妥善處理，因此也較能避免會導致保鮮期縮短的授粉影響。

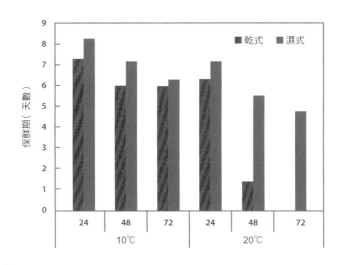

圖6
運輸方法、運輸溫度及運輸時間對滿天星（雪子）切花保鮮期的影響（自宮前等作成）

濕式運輸的品質保持效果

以濕式運輸方式運輸玫瑰與滿天星等切花，之後的保鮮期比乾式運輸還長。但若採用低溫、短時間的運輸，便能縮小兩者間的差距（圖6）。因此，可以說低溫、短時間運輸是最基本的有效方法。

濕式運輸的過程中開花容易持續進行，因此也被指出需要低溫運輸。但是常溫、長時間的乾式運輸會導致保鮮期極度縮短，可以說對切花的品質保持有非常負面的影響。

乾式運輸下，空氣從切口進入導管，導管因此容易堵塞導致抑制運輸後的吸水作用，進而阻礙開花。乾式運輸的時間若過長，花莖上部也會進入氣泡，此時便無法透過修剪將氣泡除去。此氣泡應該會阻礙吸水功能，因此目前推斷應該與保鮮期縮短有關。

運輸環境

運輸中的溫度與濕度環境為何？這裡要來介紹在夏季將玫瑰切花從北海道以貨車濕式運輸，與以空運乾式運輸方式運送到東京近郊市場情況下，實測兩者箱內外運輸溫度的範例（圖7）。該實際運輸實驗中使用非開放性型箱。

貨車運輸期間比空運多一天，但能控制溫度為其優勢。箱外溫度大約維持在15℃左右，但箱內氣溫比箱外約高出將近5℃。因此，濕式運輸若不採用開放型的水桶運輸方式，必須考慮到箱內氣溫高於箱外的情況。

另一方面，空運無法控制溫度，大致上維持在30℃左右。因此儘管運輸期間短，在高氣溫期依舊不適用作切花的運輸方式。

濕式運輸的優勢之一為可在運輸過程中使用品質保持劑處理。通常多使用以抗菌劑為主要成分的濕式運輸用品質保持劑。若是玫瑰和洋桔梗等切花，只要在抗菌劑中加入蔗糖等醣類成分，品質保持效果更加顯著。

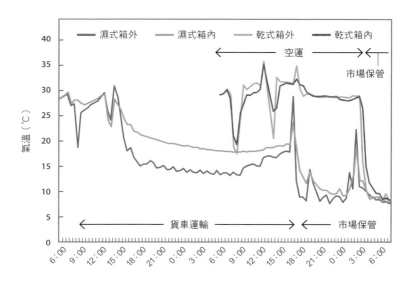

圖7　自北海道運輸玫瑰切花時箱內外氣溫的變動

8

生產者及流通過程中的
管理實況

> 　　處理與保管方式對切花保鮮期有很大的影響。要讓消費者能盡情、長時間欣賞切花，生產者與流通階段的品質管理即非常重要。以下為生產者階段與流通階段的品質管理重點整理概要。

栽培

　　採收後的切花幾乎無法依靠光合作用合成醣類，因此醣類慢慢被消耗減少，最終引起保鮮期縮短。所以在栽培時必須多加留意照料，例如栽培時須盡可能給予充足的光照以促進光合作用、增加醣類的儲藏量等。

　　引起吸水功能劣化的主要原因之一為蒸散過剩、吸水不及。蒸散主要原因在於氣孔張開。在高濕度條件下栽培出來的切花因為氣孔無法閉合而導致含水量容易惡化，其中尤以玫瑰最為顯著。降低溫度為有效的處理辦法。此方法對防除灰黴病（圖1）等病害亦有效。

　　在流通過程中最容易發生的病害問題即為灰黴病。灰黴病病原菌為Botrytis菌。Botrytis菌在培地上的生育適溫約為22℃左右，設施內氣溫若在15至25℃且為多濕的環境，便容易促使灰黴病產生。

　　玫瑰切花容易感染灰黴病，雖然為相當嚴重的問題，但在出貨階段多無法判斷是否已經感染。感染上灰黴病的切花在觀賞途中有花瓣褐變的問題，最終引起落瓣，觀賞時間也因此縮短。灰黴病容易發生在花瓣上，因此在生產設施內應該將不要的花朵立刻摘除、廢棄。同時也應該注意換氣功能，避

免設施內溫度上升過高。另外也必須注意設施內的衛生管理。

採收

切花最適採收時期在日文中稱為「切前」。在花苞階段採收除了方便裝箱之外，容納數量也增加，為較經濟的方法。但若最適採收時期過早，之後即便以後處理劑處理，切花多在觀賞階段也無法開得漂亮。相反地，太晚又會導致觀賞階段的保鮮期過短。因此必須慎重設定最適採收時期。

開花的百合花瓣很容易受傷，所以在運輸上非常困難。這類品項必須在最適合運輸的花苞階段採收。另外，劍蘭等保鮮期短，在花苞階段採收也還是容易開花的品項也要在花苞階段採收。飛燕草等多花品項在採收當下已開花的花朵已經老化，因此使用乙烯抑制劑處理的品質保持效果多不理想。這些品項只要在生產者用乙烯抑制劑中加入醣類，便能期待花苞開花，因此採收時間比現狀更早的切花，只要使用含醣類的品質保持劑處理即有可能達到延長保鮮期的效果。

白天氣溫升高，呼吸作用消耗的醣類量也容易增加。且因蒸散旺盛，吸水也變得困難。因此，切花應在氣溫較低的早晨與黃昏的時間帶採收。

促進吸水‧前處理

除了部分品項之外，採收後的切花都應該盡可能開始促進吸水。常溫及光亮處因為蒸散作用所以有吸水困難的問題。此時須在冰箱中進行吸水處理法，或必須以濕報紙包裹以抑制蒸散。

對乙烯敏感度高的切花，必須在生產者階段適當地使用主要成分為乙烯

圖1
發生在玫瑰上的灰黴病

69

抑制劑的前處理劑處理。藉由前處理不僅能消除乙烯帶來的不良影響，也可以延長保鮮期。前處理須與吸水處理法在採收後立刻進行（圖2）。

插花水中的細菌也是引起吸水功能惡化的重大原因之一。抑制細菌增殖有效的方法有使用含抗菌劑的水進行吸水處理法。但是，若想完全抑制細菌的增殖，流通階段與消費者階段也都必須使用含抗菌劑的品質保持劑。剪刀與水桶會導致細菌增殖，所以必須清洗乾淨後再使用。

保管與出貨時的注意事項

為了配合拍賣日或達到出貨所需枝數，一般在出貨前都會有一段短暫的切花保管期。切花保鮮期有限，保管期越長保鮮期越短。因此必須盡可能地縮短保管期。部分生產者在出貨時會註明採收日（圖3），此種嘗試極為重要。

品質容易下降的切花必須在冰箱中進行吸水處理法。在進行出貨前選花、下葉摘除、剪枝整理、去除不要花苞等調整後，捆束、裝箱（圖4）。出貨前，可能的話要進行預冷。

圖2
在搬運過程中同時進行前處理的滿天星切花（福島縣昭和村）

根據品項不同，部分品項需使用低溫濕式運輸的方式出貨以維持高新鮮度。相反地，百合和劍蘭等沒有吸水問題，只要供給水分就能以極快速度開花的品項則不適合濕式運輸。但是，常溫及長時間的乾式運輸會使保鮮期大為縮短，應該採用低溫乾式運輸。

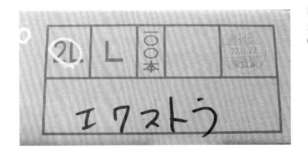

圖 3
非洲菊切花的採收日標示
（PC 非洲菊，濱松市）

　　為了維持切花新鮮度必須採用低溫運輸。貨車運輸可控制運輸中的空氣，但日本國內空運就無法控制運輸中的溫度。雖然空運過程的時間較短，但運載前後所費時間較多，所以不能忽略掉期間鮮度下降的問題。自遠地運輸到首都圈市場，陸運比空運須多花一天的時間。但是，貨車運輸優點在於可控制溫度。高溫時期不適用濕式運輸；無法控制溫度的空運雖比陸運快一天，但不適合用在運輸切花上。

圖 4
JA 愛知みなみ的集出貨設施（Mamu Port）（田原市）

9

零售業者與一般消費者的管理方式

處理與保管方式對切花保鮮期有相當大的影響。消費者要能盡情、長時間欣賞切花，除了要縮短在零售階段的保管期之外，一般消費者在家庭中使用品質保持劑也很重要。

零售店中的處理方式

乾式運輸的切花在到達店鋪後必須立刻進行吸水處理法，容器與剪刀在使用前須先洗淨。

最基本且不分品項的方式為修剪，藉由修剪除去切口附近的空氣可得到目標效果。在修剪時要選用銳利的剪刀以避免損傷切口。但是，剪刀等工具其實是細菌來源，所以若是能漂亮折斷的品項建議直接折斷即可。

基本上大多認為在水中修剪花莖的水切法較佳。但是，目前也已經證明多數主要品項，使用水切法修剪其實效果有限，所以從效率面來看，是否進行水切法有必要再探討。

有吸水問題的玫瑰與洋桔梗等切花常會用到熱水法。熱水法有兩種，一種為以40至50℃左右的溫水中進行；另一種則是將切花切口浸泡在熱水中數秒。

只以自來水保管切花會因為細菌增殖、插花水髒污導致阻礙切花的吸水功能（圖1）。水質可由冷光儀測定。因此，到販售切花前都應該使用含有品質保持劑的水。零售用品質保持劑的主要成分為醣類與抗菌劑，一般只要使

用此種品質保持劑即可。

　　保管期間越長、溫度越高，切花保鮮期越短。因此須極力避免滯存，盡可能地早點銷售出去。保管期間以四天為參考基準。保管溫度越低，切花越易維持新鮮度；隨著經過時間越長品質越下降，保鮮期也越短。

　　雖然相對濕度比較難控制，但濕度過低蒸散作用便過剩，花卉的水分狀態惡化，最終導致保鮮期縮短。另一方面，高濕度條件下，雖然水分狀態極佳，但容易促使灰黴病等病害發生。一般濕度在60%左右就不會有太大的問題。

　　日光直曬品溫溫度容易上升，保鮮期隨之縮短，因此須避免直曬。連續照明也會使氣孔無法閉合而導致吸水功能惡化，因此須避免連續照明。像玫瑰等有吸水問題的切花，在連續照明或強光下容易因蒸散過剩導致切花水分

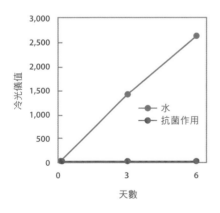

圖1
抗菌劑對金魚草（Maryland True Pink）切花插花水汙染與保鮮期的影響
左：抗菌劑對冷光儀值的影響
右：插入金魚草六天的插花水與抗菌劑溶液對保鮮期的影響
左：水，右：抗菌劑，保鮮期檢定第二天

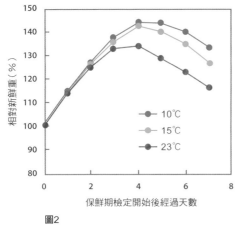

相對新鮮重（%）

保鮮期檢定開始後經過天數

- 10℃
- 15℃
- 23℃

圖2
低水溫對玫瑰（Sonia）切花保鮮期的影響

狀態惡化、保鮮期縮短。

插花水保持在低溫狀在下能抑制細菌的增殖，因此能保持良好的水分狀態（圖2）。但是，其效果無法說優於以抗菌劑處理，且維持低水溫也需花費相當的經費，因此使用抗菌劑是保持良好吸水功能最有效的方法。

在家中的處理方式

花瓶與剪刀在使用前必須先清洗乾淨。難洗的花瓶和非透明的花瓶要特別注意是否有洗乾淨。

許多切花品項可藉由後處理劑（切花營養劑）來延長保鮮期（圖3）。因此，必須說明後處理劑的品質保持效果。後處理劑應依照說明指示稀釋使用。粉末狀後處理劑必須完全溶解。使用後處理劑時，插花水在透明狀的情況下不須進行換液和修剪。海芋、星辰花、金翠花等品項無法期待後處理劑效果。另外，後處理劑雖然有促進百合開花的效果，但也須注意其亦有助長葉片黃化的副作用。

切花上葉片多，就會因為蒸散作用而促使吸水，此種情況不僅會迅速消耗插花水也會容易導致吸水功能惡化。切花越長，吸進的水越難到達花朵部分。另一方面，葉片數越多、花莖越長，切花中儲藏的醣類量就越多，因此也比較容易開花。但是，使用後處理劑便能提供開花所需的醣類，因此莖葉中醣類的必要性也就下降。由此現象來看，切花長度越短越好，葉片也盡量在不妨礙觀賞價值的範圍中摘除較好。

裝飾切花的房間溫度越低保鮮期
越長（圖4）。鬱金香、小蒼蘭、水仙
等冬季與初春時會自然開花的品項，
會因為高溫導致保鮮期極度縮短。但
是溫度過低，玫瑰和洋桔梗等便不容
易開花，因此須多加留意。

　　觀賞中的濕度與光照條件同零售
管理方法。失去觀賞價值的切花應該
迅速丟棄處理。

圖3
後處理對持續處在高溫（30℃）下的康乃
馨（Trendy Tessino）切花保鮮期的影響
左：水，右：後處理，保鮮期檢定第七
天，兩者皆經過STS劑前處理

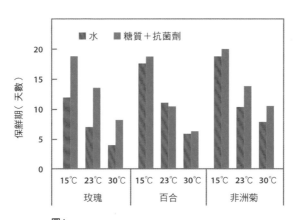

圖4
觀賞時的溫度對切花保鮮期的影響

保鮮期檢定試驗

　　想要進行保鮮期保證販售，必須實施保鮮期檢定試驗。切花保鮮期檢定試驗必須在可調節溫度、濕度等環境條件的室內舉行，並以一定的基準進行判定。

　　國際上保鮮期檢定的環境標準為氣溫20℃，相對濕度60%，光照約600lux，晝長12小時。日本國內基準在20至25℃，相對濕度50至70%範圍內的某固定溫濕度中進行。照明則是使用白色日光燈，在600至1000lux（PPFD 10至15μmol/m²/s）的範圍內以固定光強度照12小時晝長。市場等的保鮮期檢定室一般都是以25℃進行。但是為了能夠進行高溫期的保鮮期保證，建議採用28℃以上的檢定方法。

　　許多切花品項的保鮮期日數皆計算到花瓣枯萎或脫離為止。多小花的切花則多以半數小花枯萎或脫離為基準。會因為葉片黃化導致觀賞價值下滑的品項，葉片黃化也為保鮮期判定的基準之一。

　　保鮮期檢定試驗的具體步驟為：將稀釋至指定量的後處理劑（切花營養劑）溶液倒入清洗乾淨的容器中；接著再將切成固定長度的切花插入溶液中；完成後便進入觀察階段。過程中不進行修剪與換水。保鮮期原則上須每天進行調查，調查期間達兩週以上。若發生花莖彎折或病蟲害，該時間點即為保鮮期結束的時間點。

Flower Auction Japan的保鮮期試驗室

第 3 章

全年出貨品項的
品質管理

水仙百合

D A T A

科　名	六仙花科
學　名	*Alstroemeria*
分　類	球根類
原產地	南美洲
乙烯敏感度	略低

　　以智利為中心，巴西、祕魯、阿根廷等南美洲各國為水仙百合的原產地。水仙百合喜愛冷涼的氣候，主要是在荷蘭進行品種育成。日本現除了長野縣的生產量最高之外，愛知縣、北海道、山形縣等也為主要產地，全年皆可從設施內出貨。

採收後切花的生理狀態

　　水仙百合對乙烯略為敏感，高乙烯濃度環境會引起花被甚至雄蕊和雌蕊的脫離。隨著切花老化乙烯生成量逐漸增加，花被也會因此逐漸枯萎。經由STS處理可延後落瓣的時間。

　　一朵小花的保鮮期大約為十天，在球根類切花中屬於保鮮期相當長的類型。若保存於高溫環境中保鮮期容易縮短。

　　葉片容易黃化，這一點也被視為是導致觀賞價值低落的重要原因之一（圖1）。葉片黃化是由吉貝素不足引起，因此以吉貝素進行處理即可抑制葉片黃化。6-Benzylaminopurine（BA）等細胞分裂素劑的效果不及吉貝素明顯。

品質管理

　　水仙百合切花在花被脫離與葉片黃化瞬間即代表保鮮期已過。因此，前處理的目的基本為預防落瓣與葉片黃化。可同時藉由硫代硫酸銀錯體（STS）延緩落花，藉由吉貝素抑制葉片黃化以達到延長保鮮期的效果（圖2）。市面上可看見以

圖1　水仙百合切花的葉片黃化

STS與吉貝素為主要成分的水仙百合專用前處理劑，一般只要將專用前處理劑稀釋成規定濃度使用即可。

　　雖然也有採用濕式運輸的方式，但主要還是採用乾式運輸。水仙百合的吸水功能佳，只要使用低溫運輸並縮短運輸時間，採用乾式運輸也不會有太大問題。進行醣類＋抗菌劑後處理劑處理花苞即能開出大朵美觀的花朵，除了觀賞價值提升之外還能延長保鮮期（圖3）。後處理的效果在夏季等高溫時期更加明顯。水仙百合會因為花被脫離而喪失觀賞價值。若品質管理適當，常溫下可確保兩週保鮮期；高溫下則能確保十天左右的保鮮期。

圖2
前處理對延長水仙百合（檸檬）切花保鮮期的效果
左：對照，右：前處理，保鮮期檢定第十八天

圖3
後處理對延長水仙百合（Honey Sophia）切花保鮮期的效果
左：對照，右：後處理，保鮮期檢定第十三天

康乃馨

D A T A

科　名	石竹科
學　名	*Dianthus caryophyllus* L.
分　類	多年生草本
原產地	地中海沿岸
乙烯敏感度	極高

　　康乃馨最主要的品項之一，大致可分為大輪型與多花型兩種類型。日本國內生產量排名第四，僅次於菊花、百合、玫瑰。目前日本國內主要生產地在長野縣、愛知縣、北海道等地。進口康乃馨切花的比重年年遞增，目前已達50％以上。設施內生產，全年皆可出貨。高冷地區與寒冷地區只在夏秋期間出貨，溫暖地區則在冬春期間出貨。

採收後切花的生理狀態

　　康乃馨切花對乙烯極為敏感，乙烯會引發康乃馨花瓣枯萎（圖1）。康乃馨是對乙烯最敏感的主要切花品項，只要空氣中乙烯濃度超過0.2ppm，10小時內花瓣便會開始枯萎。所謂的「安眠症」即是由乙烯引起的花瓣枯萎、開花受阻所導致的病症。採收時的康乃馨乙烯生成量極少，隨著時間經過乙烯生成量急速增加最終導致花瓣枯萎。

　　許多對乙烯高敏感的切花會因為授粉而快速老化。康乃馨切花雖然也會因為授粉而急速老化，但雄蕊多不會退化，且因為幾乎不會發生自然授粉的情形，所以實際上並無太大問題。

康乃馨切花的插花水容易混濁，但相對對細菌的抵抗力較強，可說是吸水功能佳的切花。

康乃馨切花保鮮期有明顯的品種上差異。例如，即使適切地對Indra、Katrina等品種進行STS處理保鮮期也依舊相當地短。相對地，小町和農研機構花卉研究所培育出來的Miracle Rouge和Miracle Symphony，即使不使用STS處理也能與經過STS處理後的一般品種擁有相同或更長的保鮮

圖1
乙烯對康乃馨（Barbara）老化的影響
左：無處理，右：乙烯處理，以10μL/L乙烯處理一天後的狀態

期（圖2）。但是，這些品種對乙烯的敏感度與一般品種相同，所以必須進行STS處理。

經過篩選與交雜可能培育出對乙烯敏感度較低的康乃馨，但就筆者所知，目前尚未培育出可以完全不進行STS處理的低乙烯敏感實用品種。

圖2
保鮮期長的品種　左：Miracle Symphony，右：小町

品質管理

在生產者階段使用可阻礙乙烯作用的STS劑對康乃馨進行的處理，是延長康乃馨切花保鮮期最重要的處理。藉由STS的處理可以幾乎完全去除康乃馨對乙烯的敏感度，將保鮮期延長1.5至2倍（圖3）。若在生產者階段沒有適當地進行STS劑處理，即使其他的管理再精密也很難能讓市面上流通具有優良保鮮期的康乃馨。

STS劑需按照生產商的說明書適當地進行處理。進行STS劑處理時有兩種方法；其中一種方法是讓切花浸泡在0.2mM左右低濃度STS劑中持續吸收12小時，另一種方法則是讓切花在短時間內吸收較高濃度的STS劑。吸收過量的STS劑會使康乃馨發生藥害問題。採用低濃度長時間吸收的方法容易發生花莖彎折現象，採用高濃度短時間吸收的方法則容易發生葉片枯萎的問題（圖4）。藉由觀察切花的老化狀態，較能判斷出STS處理是否妥當。以STS劑處理過的切花雖然會因為花瓣乾燥而失去觀賞價值，但未經STS劑處理的切花則會有一般花瓣內卷的老化症狀（圖5）。

圖3
STS劑處理對延長康乃馨（Ceres）切花保鮮期的效果
左：無處理，右：STS處理，保鮮期檢定第二十天

圖4
以高濃度STS（2mM）處理時葉片發生的問題

圖5
未經STS劑處理的康乃馨花
朵與經過STS劑處理的康乃
馨花朵的老化型態
左：未處理，右：STS處
理，品種為（Babara）

多花型品種可藉由STS＋蔗糖等醣類的前處理促進開花，比起單獨使用STS處理能擁有更理想的品質保持效果。部分生產者會在短時間的STS劑處理之後，再使用主要成分為醣類與抗菌劑的品質保持劑進行處理。

康乃馨切花通常採用乾式運輸。康乃馨與玫瑰等切花不同，只要保持低溫，即使採用乾式運輸也幾乎不會導致保鮮期縮短。在實用面上，可以說乾式運輸並無太大問題。

多花型品種經過後處理後可看見促進花苞開花、延長保鮮期的效果；但是大輪品種在常溫環境下的後處理效果並不理想。在夏季等高溫期間，無論是大輪品種還是多花型品種，皆無法依靠STS劑處理來延長保鮮期，且即使適當地經過處理，保鮮期也還是會大幅縮短。後處理劑處理則能延長保鮮期，尤其對多花型品種的品質保持效果更為顯著（圖6）。

康乃馨會因花瓣枯萎而喪失觀賞價值。若品質管理適當，常溫下可確保約兩週的保鮮期；高溫下則能確保一週以上的保鮮期。

圖6
後處理對延長高溫（30℃）環境下康乃馨（Champs-Élysées）保鮮期的效果
左：水，右：後處理，保鮮期檢定第十二天，左右皆已進行STS劑前處理

非洲菊

D A T A

科 名	菊花科
學 名	*Gerbera jamesonii* Bol. ex Adlam.
分 類	多年生草本
原產地	南非
乙烯敏感度	低

　　靜岡縣為非洲菊最主要的產地。福岡縣、和歌山縣等地也屬於產量較多的產地。設施內培養生產，多採用礦岩營養液栽培。全年出貨，排名日本國內切花出貨量（枝數）第五名，生產量為第九名。非洲菊為主要品項之一，在切花市場中占有非常重要的地位。市面上也有花徑超過10cm的大輪型品種。

採收後切花的生理狀態

　　非洲菊切花的保鮮期在常溫狀態下約為十天。調查十六種品種在常溫下的保鮮期後，發現最短的品種大約為八天，最長的品種大約為十四天，所以可判斷有品種間的差異，但並非為保鮮期特別短的品項（圖1）。對乙烯的敏感度低，無法期待STS劑帶來保鮮期延長效果。

　　非洲菊為吸水功能不佳的代表性切花。非洲菊與玫瑰等不同，因為去葉觀賞，所以不會因蒸散導致水分喪失的問題。但是非洲菊對細菌的敏感度相當高，1mL的插花水中只要細菌數超過106，吸水功能便會受到阻礙導致保鮮期縮短。因此，被認為是因為細菌增殖促使導管堵塞，進而引起吸水功能劣化。

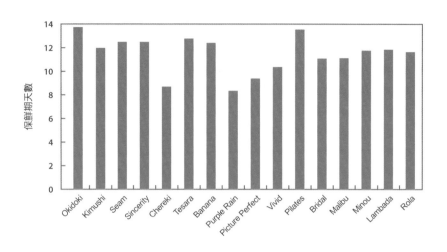

圖1　非洲菊切花保鮮期的品種間差異（藤浪等）

細菌增殖的容易度有品種上的差異。使用七種品種測驗後的結果，Picture Perfect為最容易孳生細菌的品種，Kimushi為第二容易孳生細菌的品種。Chereki與Brava則是較難孳生細菌的品種。細菌的增殖也與季節有關，夏季容易孳生細菌，冬季則較無此擔憂。在插花水中加入抗菌劑可以抑制細菌帶來的不良影響（圖2）。

因為在幾乎完全開花後的階段採收，所以沒有醣類不足的問題，但在老化過程中會有褪色問題，可藉由醣類處理抑制成功。

圖2

非洲菊（Picture Perfect）切花的花莖彎折與使用抗菌劑處理的預防

左：水，右：抗菌劑，保鮮期檢定第九天

品質管理

　非洲菊在採收時不使用剪刀，而是自花莖直接拔起（圖3）。花莖底部不經處理直接插入水中，雖然吸水量減少但能抑制細菌增殖。修剪花莖底部後再插入水中，則會促進細菌增殖。若想進行修剪便需要插入含有抗菌劑的水中。

　各產地在採收非洲菊切花後，對切花進行的處理方式不同。有保留花莖底部、完全不進行吸水促進法便出貨的產地，也有修剪莖部、進行吸水促進法後再出貨的產地，但兩種處理方式到消費者階段時保鮮期並無太大差異。

　在非洲菊切花用前處理劑中有含抗菌劑的類型，是荷蘭產地必須使用的前處理劑。但是因為抗菌作用的有效時間有限，所以品質保持效果較不理想。有報告指出只要在採收前撒布氯化鈣溶液或讓花莖底部浸泡在鈣溶液中，花莖就會變硬進而抑制花莖彎折的問題。但此研究結果尚未被確立成為能實際使用的技術。

　最近，靜岡縣農業技術研究所發現對非洲菊切花進行吉貝素前處理，能抑制管狀花的開花且有保持外觀鮮度的效果，但是會產生花莖伸長、彎折的副作用。同時，也已經證明出以50mg/L吉貝素＋2至4％鹽化鈣的組合處理，即可抑制吉貝素帶來的副作用、延長保鮮期。

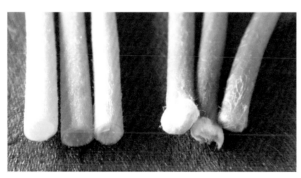

圖3
非洲菊的花莖底部與切口
左：切除底部後的切口
右：採收時的花莖底部

圖4
使用乾式直立箱運送的非洲菊
切花

圖5
後處理對延長非洲菊（Kimushi）切花保鮮期的效果
左：水，右：後處理，保鮮期檢定第十五天

　　非洲菊切花多採用乾式運輸。但是平放的非洲菊會因為花莖向上成長而
導致彎曲，所以一般都採用直式運輸（圖4）。乾式運輸只要之後管理得當，
保鮮期幾乎不會縮短。濕式運輸的保鮮期延長效果並不比乾式運輸佳，但無
論是採用乾式還是濕式都須以低溫運送。

　　隨著花卉的老化花瓣會逐漸褪色。非洲菊切花的品質保持上，只要進行
醣類＋抗菌劑的後處理便能抑制褪色、延長保鮮期（圖5）。

　　非洲菊切花會因為花莖彎折、花瓣枯萎或褪色而喪失觀賞價值。若品質
管理適當，不會發生花莖彎折的問題，且在常溫下能確保一週以上的保鮮
期；高溫下則能確保五天左右的保鮮期。

海芋

D A T A

科　名	天南星科
學　名	*Zantedeschia*
分　類	球根類
原產地	南非
乙烯敏感度	低

海芋大致上可分成在濕地生長的溼地性海芋與在乾燥地生長的旱地性海芋。濕地性海芋培育於充滿水的設施內（圖1）。主要觀賞部位是由花萼變形而成的器官，稱為佛焰苞。海芋真正的花朵稱為肉穗花序，被包覆在佛焰苞中。濕地性海芋大部分的品種皆為白色，旱地性海芋的花色則較為豐富。濕地性海芋的主要產地為千葉縣與熊本縣等地。濕地性海芋在冬春季出貨；旱地性海芋則全年出貨。

採收後切花的生理狀態

濕地性及旱地性海芋的乙烯敏感度皆很低，所以是沒有乙烯問題的花卉。

濕地性海芋可藉由細胞分裂劑處理延長保鮮期，因此其老化應該與細胞分裂素有關。另一方

圖1
濕地性海芋的栽培花圃（千葉縣君津市）

面，旱地性海芋則可藉由吉貝素與細胞分裂劑處理延長保鮮期，因此其老化應該與兩者皆有關係。

出貨時不帶葉片，吸水量雖少但吸水功能佳。

品質管理

濕地性海芋切花的保鮮期可藉由合成細胞分裂劑6-Benzylaminopurine（BA）的浸漬處理延長（圖2）。市面上也有以BA為主要成分的前處理劑。雖然以撒布處理的方式也能得到同樣的品質保持效果，但若是採用一般讓切花從切口中吸取處理劑的方法則看不見效果。在保鮮期容易縮短的春季中效果最佳，但在保鮮期相對較長的冬季中效果則較不理想。

旱地性海芋已經被證明出使用混合BA與吉貝素的吸水處理能有效延長保鮮期。

海芋為吸水功能佳的切花，一般皆以乾式運輸方式運送。若以低溫運輸，對保鮮期不會有太大的影響。

若使用混合醣類與抗菌劑的後處理劑對濕地性海芋進行後處理，大多反而會造成保鮮期縮短。雖然目前原因不明，但還是避免使用後處理劑較理想。

海芋會因為佛焰苞枯萎或褐變而喪失觀賞價值。若管理適當，在常溫環境下可確保一週左右的保鮮期。

圖2
BA浸漬處理對延長濕地性海芋（Wedding March）保鮮期的效果
左：對照，右：BA處理，保鮮期檢定第六天

菊花

D A T A

科　名	菊花科
學　名	*Chrysanthemum morifolium* Ramat.
分　類	多年生草本
原產地	日本、中國等
乙烯敏感度	低

　　菊花為日本國內生產量最多的切花品項。大致上可以分為輪菊花、多花菊花與小菊花。另外也有被稱為Disbud或Mum，主要是從多花菊花調整成單輪型的系統。日本全國各地皆有生產菊花，愛知縣為最主要的產地。多花菊花多為馬來西亞進口，占全體菊花進口量的17%。輪菊花與多花菊花一般在設施內培育，小菊花則多在露地培育。

採收後切花的生理狀態

　　任何一種菊花的花朵部分都無乙烯的問題，但在高乙烯濃度環境下有時會引起葉片黃化的問題（圖1）。對乙烯的反映有品種間的差異。輪菊花中，目前的主要品種神馬對乙烯的敏感度低，以1ppm乙烯連續處理兩週葉片也不會黃化。另一方面，精興之誠與過去主要品種秀芳之力，則對乙烯較敏感，葉片較容易黃化。但是也要以1ppm乙烯連續處理六天以上葉片才會開始黃化。由以上現象可以得知，即使是葉片容易黃化的菊花品種，其對乙烯的

敏感度也不像康乃馨和香豌豆花
等如此高。但是高溫可能會促使
敏感度上升，這部分還尚待證明。

　　雖然許多評價都指出菊花吸
水功能佳，但其實應該是有吸水
問題的品項。引起吸水惡化的主要
原因在於由保護花莖切斷面的物
質所導致的導管堵塞。只要插在
含有抗菌劑的水中就能延長保鮮
期，由此可見細菌增殖與導管堵塞
可能有關（圖2）。

圖1
乙烯對多花菊花（Country）葉片黃化的影響
左：未處理，右：乙烯處理，以10μL/L的乙烯
連續處理三天的狀態

　　輪菊花多在新鮮花苞階段採收。菊花的莖葉中雖然有相當的醣類含量，
但對開花而言尚且不足，所以多半未完全開花便過了保鮮期。

品質管理

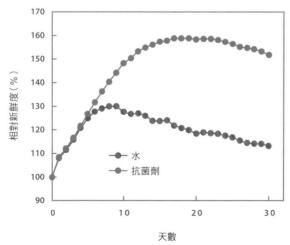

圖2
抗菌劑的連續處理對輪菊花
（神馬）的新鮮重的影響效
果（峯等）

菊花切花的保鮮期會受到栽培環境條件的影響。在高溫、高濕度、低日照條件下生產的菊花切花保鮮期較短，因此須避免在此環境中培育菊花。氮氣施用過多會造成鈣吸收困難導致莖葉軟弱無力、保鮮期縮短，因此須注意施肥量。

菊花切花在高溫環境中葉片容易黃化，現已證明STS劑前處理可以有效防止葉片黃化。STS的主要成分為具有抗菌作用的銀，以STS進行前處理可促進吸水功能，也能多少延長保鮮期。0.2mM濃度的STS處理時間基本上為5小時。處理時間過長會容易發生藥害，必須多加留意。

菊花一般採用乾式運輸（圖3），但也有濕式運輸的方式。尤其Disbud型與Fullbloom Mum的花朵容易受傷，因此皆採用濕式直立箱運送（圖4）；乾式運輸則必須採用低溫保管。若非低溫保管的切花，建議在低溫運輸前進行預冷。但若無法以低溫運輸，預冷也就失去意義。

圖3
乾式出貨的菊花切花

圖4
濕式出貨的Disbud類型
菊花

圖5
後處理對促進輪菊花（神
馬）開花的效果
左：水，右：後處理，保
鮮期檢定第二十二天

圖6
後 處 理 對 延 長 高 溫
（30℃）下的多花型菊花
（Clarice）保鮮期的效果
左：水，右：後處理，保
鮮期檢定第十三天

　　菊花切花的保鮮期一般來說較長，使用醣類和抗菌劑進行後處理可以再
更延長保鮮期。輪菊花可藉由後處理促進花瓣成長為Fullbloom Mum般的花
型（圖5）。多花型菊花和小菊花等則可藉由後處理促進花苞的開花、延長保
鮮期。在夏季等高溫時期，也能藉由後處理延長保鮮期（圖6）。

　　菊花會因為舌狀花瓣和葉片枯萎或葉片黃化而喪失觀賞價值。若品質管
理適當，常溫下能確保兩週以上的保鮮期；30℃左右的高溫環境中則能確保
約十天以上的保鮮期。

孔雀草

D A T A

科　　名	菊科
學　　名	*Aster ericoides* L.
分　　類	多年生草本（園藝上為一年生草本）
原產地	北美洲
乙烯敏感度	低

　　又稱為宿根紫苑。粉紅色、紫色、藤色等顏色的孔雀草品種是以白色孔雀草與友禪菊花（Michaelmas daisy）等交配培育出的。一般在設施內培育，全年出貨。主要產地為埼玉縣、長野縣等。主要使用於佛壇上。

採收後切花的生理狀態

　　對乙烯的敏感度低，所以花卉老化與乙烯無關。

　　高溫時期，葉片黃化為孔雀草最大的問題。葉片黃化的原因為乙烯，STS劑處理能有效防止葉片黃化。多花苞，因此使花苞開花也是品質管理上的重要課題。

品質管理

　　尚未開發出能有效延長保鮮期的前處理劑，所以一般在出貨前都沒有進行前處理。即使以STS劑處理也無法延長花朵的保鮮期，但是葉片黃化極可

能是因為乙烯導致，所以STS劑處理可有效防止葉片的黃化。

　　孔雀草為吸水功能佳的品項。一般採用乾式運輸，但也會採用濕式運輸
（圖1）。雖然是保鮮期長的品項，但需要低溫運輸。即使只插於水中，保鮮
期也相對較長。使用含醣類＋抗菌劑後處理劑處理可促進花苞開花，且開花
後花朵變大、保鮮期略為延長（圖2）。

　　孔雀草會因花瓣枯萎而喪失觀賞價值。若品質管理適當，在常溫下可確
保兩週的保鮮期；高溫環境下則能確保十天左右的保鮮期。

圖1
使用ELF水桶出貨的孔雀草
切花

圖2
後處理延長孔雀草保鮮期的效果
左：對照，右：後處理，保鮮期
檢定第十二天

劍蘭

D A T A

科 名	鳶尾科
學 名	*Gladiolus*
分 類	球根類
原產地	南非
乙烯敏感度	低

自古以來即為被當作切花用花及花壇用花的主要品項，但現在有生產減少的傾向。主要產地為長野縣、鹿兒島縣、茨城縣等地。主要為露地生產，出貨主要在春季至秋季間。

採收後切花的生理狀態

每朵花的保鮮期為數日，切花整體的保鮮期在沒有進行品質保持劑的情況下不滿一週。通常會因為花朵枯萎而喪失觀賞價值，但因為花莖彎折而失去觀賞價值的品種也很多。

對乙烯的敏感度低，所以是不會受到乙烯影響的品項，因此無法藉由STS劑處理來延長保鮮期。

劍蘭小花的保鮮期可藉由具有阻擾蛋白質合成作用的抗生物質——放線菌酮處理延長（圖1）。蛋白質為基因產物，由此可以得知劍蘭本身具有加速老化的基因。未來或許有能藉由培育出較無老化基因的品種，來改善劍蘭保鮮期的可能性。放線菌酮因為屬於危險藥品，所以實際上並無法使用。

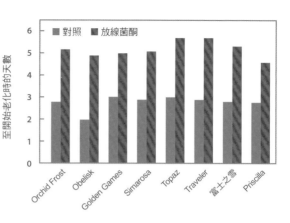

圖1

放線菌酮的連續處理對劍蘭
老化的影響

縱軸：至開始老化時的天數

圖例：對照　放線菌酮

橫軸：Orchid Frost　Obelisk　Golden Games　Simarosa　Topaz　Traveler　富士之雪　Priscilla

品質管理

　　球根用的前處理劑具有促進花苞開花、延長保鮮期的效果。此時加入醣類，保鮮期延長效果更加明顯。

　　劍蘭是吸水性極佳的品項。若在採收後進行吸水促進法，開花會急速進行。因此，多以採收後不進行吸水促進法，而直接以乾式低溫的方式運送。只要以低溫運輸就不會發生太大問題。

　　使用醣類和抗菌劑進行後處理對劍蘭的品質管理非常有效。採收時間若過早，花穗下方的小花較難開花，但經由後處理可促使其開花。雖然在高溫條件下保鮮期容易縮短，後處理的品質保持效果更加明顯（圖2）。

　　但是，後處理並不能延長每一朵花的保鮮期。因此即使花穗上方開花，也會因為下方的花枯萎而變成開花不均的切花。

圖2

後處理延長高溫（30℃）環境下劍蘭切花
保鮮期的效果
左：對照，右：後處理，保鮮期檢定第七天

火焰百合

D A T A

科　名	百合科
學　名	*Gloriosa superba* L.
分　類	球根類
原產地	熱帶亞洲與非洲
乙烯敏感度	低

　　火焰百合為百合科球根花卉，原產地為熱帶亞洲與非洲。攀緣植物，栽培時須和香豌豆花一樣使其攀附在植物攀爬繩上（圖1）。設施內栽培，全年出貨。日本目前以高知縣產量最多，愛知縣其次。

採收後切花的生理狀態

　　火焰百合為不受乙烯影響的品項，所以無法期待藉由STS等乙烯抑制劑來延長保鮮期。雖然葉片容易黃化，但藉由吉貝素處理可以防止葉片的黃化。

　　一枝花莖上面有五朵花（含花苞）。若只插於水中，最上方的花苞多會因為醣類不足而無法完全開花。插花水中的細菌較不會影響火焰百合的生理，是吸水功能極好的品項。

圖1
火焰百合的栽培花圃（高知市）

圖2
使用給水資材出貨的火焰百合切花

品質管理

通常會在開第二朵花時採收，但會依照時期調整。並無極為有效的前處理處方的報告，目前幾乎沒有進行前處理。

目前多使用含有吉貝素、以結蘭膠或木膠為主要成分的火焰百合專用給水資材出貨（圖2）。藉由在運輸中以吉貝素處理可抑制葉片的黃化。

原產於熱帶，只要低於10℃便極可能引起低溫障礙。運輸溫度基本上須維持於10℃以上，冬天尤其要注意。醣類＋抗菌劑的後處理，除了能促進花苞開花之外還能促使發色更為良好。雖然幾乎無法延長已開花花朵保鮮期，但可延長從花苞開始開花的花朵保鮮期，所以就結果而言，多少可以延長切花整體的保鮮期（圖3）。

火焰百合會因為花朵枯萎而喪失觀賞價值。若品質管理適當，常溫下可確保一週以上的保鮮期，高溫下則能確保五天以上的保鮮期。

圖3
後處理延長火焰百合（Misato
Red）切花保鮮期的效果
左：水，右：後處理，保鮮期
檢定第七天

滿天星

D A T A

科　名	石竹科
學　名	*Gypsophila paniculata* L.
分　類	多年生草本（園藝上為一年生草本）
原產地	地中海沿岸，中亞至西伯利亞
乙烯敏感度	高

　　主要被當作配花使用。品種變遷顯著，現在日本國內育成的
Altair為主要品種。藍色和紫色的滿天星切花為人工染色。日本現在
以熊本縣、福島縣、和歌山縣、北海道等為主要生產地。福島縣、北
海道等高冷地、寒冷地地區主要為夏秋季出貨；熊本縣、和歌山縣等
暖地則主要在冬春季出貨。藉由高冷地、寒冷地與暖地出貨的互補，
便能全年供給。

採收後切花的生理狀態

　　滿天星對乙烯的敏感度高，在高乙烯濃度環境下會引起花瓣枯萎。隨著
花卉老化，乙烯生成量增大。由此可見，花卉老化能由乙烯控制，想延長保
鮮期便需要阻礙乙烯作用。又因為有許多小花苞，所以要延長保鮮期便需要
促使花苞開花。

　　為主要品項中較罕見的有惡臭問題的切花。惡臭來自花的部分，其主體
為丁酸甲酯。雖然採收後經過時間越長，惡臭發散量會漸漸下降，但在觀賞
階段依舊還是問題。目前已經證實藉由使用異戊醇或苯甲醇等的處理可降低

一半的惡臭發散量。

品質管理

　　前處理的基本作用為延長已開花花朵的保鮮期與促使花苞開花。STS處理可延長保鮮期，醣類則可促使花苞開花。滿天星用前處理劑的主要成分為STS與醣類。一般而言，只要將滿天星專用的前處理劑稀釋成規定濃度使用即可。使用前處理劑可延長相當程度的保鮮期，前處理必須在採收後立刻進行（圖1）。高溫期花卉容易老化，有部分產地會在栽培花圃中直接進行前處理。

　　若在一般的階段採收，已經開花的小花會繼續老化，即使使用STS劑處理也無法充分地延長保鮮期。因此必須提早採收並以STS劑處理，再搬進維持在常溫、照明光亮的開花室中，接著再以醣類和抗菌劑組成的品質保持劑處理約兩天左右，如此便也能促使開花（圖2）。據說經過此處理的切花的保鮮期，優於在一般階段採收的切花。

　　雖然滿天星有散發惡臭的問題，但最近已經開發出可抑制惡臭發散的前處理。此種前處理劑中除了有STS與醣類之外，還加入了惡臭發散抑制

圖1
前處理中的滿天星切花（福島縣昭和村）

圖2
正在在開花室內進行開花處理的滿天星切花
（JA紀州，和歌山縣印南町）

劑。使用方法與一般前處理劑相同。藉由此處理劑的處理，可降低一半的惡臭產生量。

　　現在市面上流通的滿天星品種原本花色幾乎都是白色，是藉由在進行前處理前先讓其吸收染色液，現在市面上才有各種花色的滿天星。若在進行前處理後才讓切花吸收染色液，會因為吸收量不足而無法染出漂亮的顏色。若要使用染色液，必須在處理染色液之後立刻進行前處理。

　　滿天星是吸水功能容易惡化的品項，通常皆採用濕式運輸（圖3）。在高溫、長時間的運輸下，保鮮期會極端縮短。尤其在乾式運輸下此傾向更加明顯，須多加注意。濕式運輸時必須使用主要成分為抗菌劑的運輸用品質保持劑來抑制細菌的增殖。在運輸過程中以醣類和抗菌劑進行處理便能促進花苞開花，品質也更能提高（圖4）。

　　雖然藉由前處理可延長滿天星切花保鮮期相當一段時間，但只依靠前處理無法提供足夠的醣類，所以品質保持效果不能說很完全。進行醣類與抗菌劑的後處理對延長滿天星切花保鮮期相當有效（圖5）。藉由後處理可促使花苞開花，保鮮期可延長約1.5倍。

　　滿天星會因為小花枯萎或褐變而喪失觀賞價值。只要品質管理適切，在常溫環境下可確保兩週以上的保鮮期；高溫環境下則能確保十天左右的保鮮期。

圖3
濕式出貨的滿天星切花

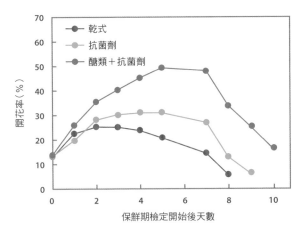

圖 4
運輸中抗菌劑與醣類處理對
滿天星開花的影響效果

圖5

後處理對延長滿天星（FunTime）切花保鮮期的效果
左：對照，右：後處理，保鮮期檢定第二十天

星辰花

D A T A

科　名	藍雪科
學　名	*Limonium*
分　類	多年生草本
原產地	地中海沿岸
乙烯敏感度	低

　　由Sinuatum、Sinensis（水晶花）和混種等品種群構成。其中又以Statice　Sinuatum的生產量壓倒性勝出，占所有品種生產量的80％。以（Kino）系列為代表的Sinensis系星辰花的生產比率也正在逐漸上升。混種星辰花的生產量正在減少。目前和歌山為最主要的產地。除此之外，北海道、長野縣等地也有生產。

採收後切花的生理狀態

　　星辰花花萼有多種顏色，但花瓣皆是白色（圖1）。花瓣壽命極短，所以並非觀賞對象。體積較花瓣大且有各種顏色的花萼為主要觀賞部位。花瓣對乙烯的敏感度高，但花萼較不受乙烯影響。

　　Sinensis系星辰花的花構造與Sinuatum相似（圖1右）。但是，Sinensis不僅花萼，連花瓣也有顏色。與Sinuatum一樣，花瓣對乙烯的敏感度高、壽命短，所以非觀賞對象。雖有花萼脫落的問題，但其機制還尚未分明。

　　混種星辰花的主要觀賞部位為花瓣。花瓣對乙烯的敏感度高，乙烯濃度高會引起花瓣枯萎。也有促進花苞開花的必要性。

圖1　Sinuatum系星辰花（左）與Sinensis系星辰花（右）的花瓣

　　星辰花多是因為莖葉的黃化而導致保鮮期縮短。雖然有品種間的差異性，但可藉由吉貝素處理防止黃化，因此可推測莖葉黃化與吉貝素有關，且已經證實葉片的黃化並非乙烯導致。

Sinuatum與Sinensis系切花的品質管理

　　Sinuatum系星辰花的觀賞對象並非花瓣，所以乙烯並非主要問題，所以不需要STS處理。插於水中在常溫狀態下保鮮期也能達兩週以上，屬於保鮮期較長的種類。而且即使以醣類和抗菌劑進行後處理，也幾乎無法達到延長保鮮期的效果。

　　目前在品質保持上較大的問題是莖葉在高溫下容易黃化。容易黃化與否有品種間的差異。現已證實Arabian　Blue、Neo Arabian、Seixal Sky等品種容易黃化，但French Violet、Sunday Violet、Seixal Blue等為較不容易黃化的品種（圖2）。藉由吉貝素的前處理能有效防止花莖黃化，因此高溫時期有必要將吉貝素處理納入考量中。

圖2
Sinuatum系星辰花品種
間的莖葉黃化差異
左：Seixal Blue，
右：Seixal Sky
於常溫環境中以水保存十
天時的狀態

吸水功能佳，所以運輸時只要採用低溫就算以乾式運輸也不會有太大問題，但也有採用濕式運輸的情形（圖3）。因為幾乎無法期待後處理的品質保持效果，所以只須插於水中觀賞即可。

Sinensis系星辰花品質保持相關研究極少，就花卉構造的類似性來看可推測處理方式應與Sinuatum相同即可。

此兩系星辰花會因為萼片萎縮、花托彎折或莖葉黃化而喪失觀賞價值。目前尚未開發出有效的品質保持劑，但只要品質管理適當，常溫下可確保兩週以上的保鮮期，高溫下則能確保十天以上的保鮮期。

圖3
使用ELF水桶出貨的Sinuatum系星辰花

混種星辰花的品質管理

混種星辰花除了對乙烯敏感度高之外，也是多花苞的品項。因此，最基本的品質保持方法為延長已開花花卉的保鮮期與促進花苞開花。

混種星辰花用前處理劑的主要成分為

STS與醣類。可同時藉由STS抑制乙烯生成以及藉由醣類促進開花。通常只要將專用的前處理劑稀釋至規定的濃度處理即可。乙烯合成抑制劑——氨基異丁酸（AIB）的品質保持效果較STS好。AIB搭配醣類的組合可以在促進開花的同時延遲老化，進而延長保鮮期（圖4）。市面上也有福花園種苗（株）出品、使用STS以外的乙烯抑制劑製成的生產者用前處理劑，但成分不明。

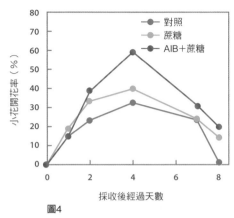

圖4

AIB與蔗糖前處理促進混種星辰花（Blue Fantasia 100）開花的效果

混種星辰花不能說是吸水功能佳的切花，多採用濕式運輸。使用含醣類與抗菌劑的後處理劑處理也能得到很高的品質保持效果（圖5）。在藉由後處理促進開花的同時，也能延遲已開花小花的老化，因此能夠延長保鮮期。

混種星辰花會因為小花枯萎而失去觀賞價值。只要品質管理得宜，常溫下能確保一週以上的保鮮期；高溫環境下也能確保五天以上的保鮮期。

圖5
後處理延長混種星辰花（卡斯比亞）保鮮期的效果
左：對照，右：後處理，保鮮期檢定第七天

麒麟草

D A T A

科 名	菊科
學 名	*Solidago*
分 類	一年生草本
原產地	北美
乙烯敏感度	低

花色為黃色與白色。多在露地中栽培生產。麒麟草主要在夏季出貨，目前主要產地為鹿兒島縣沖永良部島等地。主要使用於佛壇上，與秋麒麟草為同屬野草，是Solidaster Luteus的近緣種。

採收後切花的生理狀態

乙烯非麒麟草的問題，所以即使以STS處理也無法延長花朵本身的保鮮期。高溫時期有葉片容易黃化的問題。葉片黃化的原因為乙烯，因此，可推測STS劑處理能有效防止葉片的黃化。

多花苞，需要使用含醣類品質保持劑來促進開花。吸水功能相對較好，不會造成太大的問題。

品質管理

無栽培與保鮮期的相關研究。

無能有效延長麒麟草切花保鮮期的處理劑也是原因之一，基本上出貨前都沒有特別進行前處理。因為葉片容易黃化，所以須要驗證STS劑處理的有效性。

麒麟草是較無吸水問題的品項，一般近郊產地皆採用乾式運輸，但沖永良部島等離島地區則多採用濕式運輸方式（圖1）。雖為保鮮期長的品項，但乾式運輸時須採用低溫運輸。

儘管只插在水中，保鮮期也相對較長，但有可能發生因吸水不良而枯萎的情形。藉由使用含醣類與抗菌劑的後處理劑處理可促進花苞開花、略微延長保鮮期（圖2）。

麒麟草會因為小花枯萎而喪失觀賞價值。只要品質管理適當，在常溫下可確保兩週左右的保鮮期；高溫下則能確保一週以上的保鮮期。

圖1
採用濕式出貨的麒麟草切花

圖2　後處理延長麒麟草保鮮期的效果　左：水，右：後處理，保鮮期檢定第十五天

大理花

D A T A

科 名	菊花科
學 名	*Dahlia*
分 類	球根類
原產地	墨西哥
乙烯敏感度	略低

菊花科球根類花卉，原產於墨西哥丘陵。花色、花型豐富，主要栽培成花壇用花卉。秋田國際大理花園（圖1）經營者鷺澤氏栽培出的黑蝶、Kamakura、Mitchan 等切花用優良品種人氣正急速上升，生產量每年不斷攀升。目前主要產地有長野縣、山形縣、北海道、秋田縣、福島縣等。過去主要採用露地生產，現在設施生產比例逐年增加，已可全年出貨。

採收後切花的生理狀態

大理花一般都有保鮮期短的缺點。但保鮮期長短與品種有關，即便都是主要品種，保鮮期短的品種和保鮮期長的品種間也有相當的差距（圖2）。

大理花不同於大部分的菊花科花卉，對乙烯有某種程度的敏感度，連續進行數日的乙烯處理便會出現舌狀花瓣脫離的現象。但是，使用具有阻擾乙烯作用效果的STS和1-甲基環丙烯（1-Methylcyclopropene，簡稱1-MCP）處理也無法看到延長保鮮期的效果。目前推定看不到乙烯抑制劑品質保持效果的主要原因，應為花卉在老化過程中乙烯幾乎不會上升導致。

圖1
秋田國際大里花園（秋田市）

大理花花瓣數多，所以即使略微延後採收時期，內側的花瓣也不會因此就完全展開。花瓣成長需要大量的醣類。若在花瓣尚未完全展開前採收，便無法期待在連株狀態下開花的效果。但藉由後方所述的醣類處理則可促進開花。

基本上有帶葉出貨與不帶葉出貨兩種方式。因為葉片蒸散量大，所以帶葉出貨通常都會發生吸水不良的情形。

品質管理

藉由撒布合成細胞分裂劑6-Benzylaminopurine（BA）處理可延長保鮮期。濃度須達11mg/L（有效成分濃度）以上才有效。BA溶液須使用噴霧器由花朵正面進行撒布處理。實際

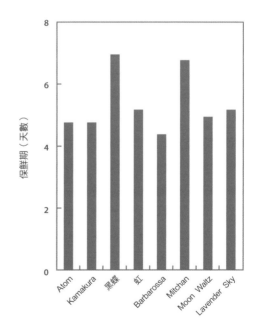

圖2　大理花切花品種間保鮮期的差異（高橋等）

圖3
BA撒布處理延長大理花
（戀歌）切花保鮮期的效果
左：對照，右：BA處理，
保鮮期檢定第五天

上使用市面販售的大理花專用前處理劑即可。至目前為止，BA撒布處理對黑
蝶、Kamakura、Mitchan 等主要品種有效，已證實可延長保鮮期近1.5倍左
右（圖3）。但是，採用一般藉由吸水使其吸收的前處理劑處理方法也無法延
長保鮮期。雖然BA處理一般是在生產者階段進行，但是若能在零售階段再次
進行處理，便能更有效地延長保鮮期。

　　蔗糖等醣類與抗菌劑前處理在品質保持上也有某種程度的效果。將醣類
濃度提高至5%即能延長花朵的保鮮
期，但因為容易造成葉片的藥害，所以
若為帶葉切花就必須注意處理的濃度。

　　大理花主要採用濕式運輸（圖
4）。雖然單純採用濕式運輸並無法優
化保鮮期，但因為對花朵的慎重處理所
以少有品質惡化的情形。在運輸過程中
使用醣類和抗菌劑處理也能達到品質保
持的效果。藉由出貨前與運送過程中的
醣類與抗菌劑處理，可將保鮮期延長
1.5倍左右。

圖4　濕式出貨的大理花切花

使用葡萄糖等醣類與抗菌劑
進行的後處理對大理花切花的品
質保持也有很明顯的效果，可延
長保鮮期約1.5倍（圖5）。

目前生產者階段與零售階段
的BA撒布處理，搭配上運輸過程
及觀賞過程中的醣類與抗菌劑處
理，是能達到最佳品質保持效果
的方法。藉由此搭配方法，（黑
蝶）等多種品種的切花保鮮期可

圖5
後處理延長大理花（黑蝶）切花保鮮期的效果
左：對照，右：後處理，保鮮期檢定第六天

延長至2倍左右（圖6）。BA可延長已開花花卉的保鮮期；醣類則能延長正在
開花花卉的保鮮期。由此可看出BA與醣類作用機制不同。

大理花多因花瓣枯萎而喪失觀賞價值。若品質管理適當，常溫下可確保
一週左右的保鮮期。

圖6
BA撒布處理與後處理對大理花（Buquet）切花保鮮期的影響
左起依序為：對照、後處理、BA處理、BA處理＋後處理，保鮮期檢定第八天

飛燕草

D A T A

科　名	毛茛科
學　名	*Delphinium*
分　類	多年生草本（園藝上為一年生草本）
原產地	歐洲、西亞、西伯利亞等
乙烯敏感度	高

　　飛燕草的特徵為擁有藍色花朵，另有白色、粉紅色與黃色的品種。大致上可分成Eratamu系、Belladonna系、Sinensis系及原種系等品種群。主要觀賞部位為萼片，花瓣過小、較不起眼。Eratamu系具有又長又大的花穗，多為八重品種。Belladonna系的花為一重品種，花穗相對較長。Sinensis系為多花狀品種，花穗相對較短，花瓣多已退化且無距（圖1）。目前Belladonna系的生產量驟減。北海道與愛知縣為主要產地，於設施內培育生產。藉由暖地與寒冷地交互出貨，可達到幾近全年出貨的目標。

採收後切花的生理狀態

　　飛燕草是對乙烯高度敏感的代表性品項，只要存在於數ppm乙烯的環境下，隔天萼片便會幾近掉光（圖2）。隨著花卉的老化，對乙烯的敏感度會逐漸提升。

　　隨著花卉老化，乙烯生成量也逐漸增加，最後導致花瓣與萼片脫離。乙烯生成量上升的器官為雌蕊與花托。花瓣和萼片的乙烯生成量僅有少許，並

圖1
飛燕草的3個主要系統的花態
左：Eratamu系，中：Belladonna系，左：Sinensis系

無伴隨老化上升的情形。

　　飛燕草會因為授粉導致乙烯生成量增加，進而引起落瓣的情形。但是雄蕊較快成熟，雌蕊須四至五天的時間才能成熟。因此，經過STS適當處理過的花卉在STS處理後依然還是會授粉。STS處理可降低飛燕草對乙烯的敏感度，所以授粉並非太大的問題。

　　Eratamu系擁有又長又大的花穗及大量的花苞，因此若只單純插於水中則無法順利讓花穗上方的花苞開花。

　　保鮮期長短有品種上的差異。乙烯生成量並不隨老化上升，且對乙烯敏感度較低，其中也有

圖2
乙烯對飛燕草切花落瓣的影響
左：未處理，右：乙烯處理，以10μL/L乙烯處理一天時的狀態

花萼不易脫落的系統。但是目前尚未培育出完全不須STS處理的品種。

尤其花穗長且大的Eratamu系，花穗上方多會因為水分狀態惡化而在中間段彎垂，導致狀態不佳。

品質管理

STS劑前處理可抑制落瓣，延長約2倍左右的保鮮期（圖3）。但是，1-MCP

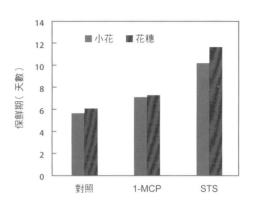

圖3

STS與1-MCP前處理對飛燕草切花保鮮期的影響
小花的保鮮期意指處理當日已開花的小花，至失去觀賞價值時的期間

處理幾乎無法達到延長保鮮期的效果。若不進行STS處理，之後的品質管理即使適當，流通過程中還是會有落瓣現象，無法獲得充分的保鮮期間。因此，在生產者階段適當地進行STS處理，是延長飛燕草切花保鮮期最重要的步驟。

進行STS處理時必須注意處理濃度。任一品種群的最適濃度皆為0.2mM，若濃度低於此數值，即使延長處理時間，花朵部分也無法蓄積足夠的銀量，因此也可能無法充分延長保鮮期。

像花穗長且大的Eratamu系，在採收當下花穗上方花朵成花苞狀，插於水中無法促使開花。於前處理液中加入醣類和抗菌劑可促進花苞開花。滿天星或洋桔梗用前處理劑中因含有STS與醣類，所以可看見效果，但使用上須注意處理時間。

Sinensis系飛燕草的蒸散量大，離水後容易枯萎，因此必須採用濕式運輸（圖4）。其他系統也較適合濕式運輸。運輸時若能使用抗菌劑與醣類處理

圖4
使用給水資材、以濕式出貨
的飛燕草切花

便能促使花穗上方花苞的開花及延長保鮮期。

含有醣類與抗菌劑的後處理對飛燕草切花的品質保持也極為有效。尤其花穗長且大的Eratamu系飛燕草若採收時期過早，花穗上方小花便難以開花，但經由後處理可促使開花。

未經STS劑處理的飛燕草會因為萼片脫離而喪失觀賞價值。但即使適當地進行了STS劑前處理，在高溫條件下飛燕草切花的保鮮期依舊會大幅縮短，只要進行醣類和抗菌劑後處理便能延長保鮮期（圖5）。若品質管理適切，常溫下可確保十天左右的保鮮期，高溫環境下則可確保一週左右的保鮮期。

圖5
後處理延長高溫（30℃）
下飛燕草切花保鮮期的效果
左：對照，右：後處理，保
鮮期檢定第十三天

洋桔梗

D A T A

科　名	龍膽科
學　名	*Eustoma grandiflorum* (Raf.) Shinn.
分　類	一年生草本
原產地	北美
乙烯敏感度	略高

　　北美原產龍膽科花卉。日本國內種苗公司投注精力進行品種開發的品項，現在八重品種已達半數產量以上。有小輪至大輪等各種花型的品種。年生產量逐年增加，在各種切花品項的生產額排名中占第5名。目前日本主要生產地為長野縣、熊本縣、福岡縣、愛知縣等地。已達全年出貨，但冬季出貨量極少。因此冬季從台灣輸入的切花量也逐漸增加。

採收後切花的生理狀態

　　洋桔梗在夏季等高溫期間，保鮮期會大幅縮短，因此是非常貴重的品項。基本上並非保鮮期長的品項。

　　洋桔梗對乙烯的敏感度相對較高，乙烯處理會導致花瓣枯萎（圖1）。對乙烯的敏感度有品種上的差異，所以也有敏感度較低的品種。

　　會因授粉促使乙烯的生成（圖2），導致保鮮期縮短。雖也有品種間的差異，所以也有即使授粉也不會促使老化的品種。保鮮期縮短的程度與柱頭上的花粉量成正比，若只有少量的花粉保鮮期也只會微略縮短。目前已培育出

圖1
乙烯處理對洋桔梗（海Honoka）老化的影響
左：未處理，右：乙烯處理
以10ppm乙烯處理兩天後再保持四天的狀態
箭頭為因乙烯處理枯萎的花朵

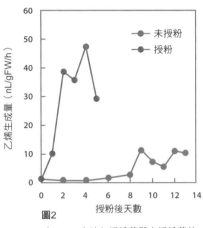

圖2
（Asuka之波）授粉花與未授粉花的
乙烯生成量

Amber Series（圖3）等雌蕊異常、極難自然授粉的品種（圖4）。

　　洋桔梗有複數個花苞，單純插在水中並無法充分開花且發色多不足，因此必須促進花苞的開花與發色。

　　雖然洋桔梗為吸水性廣受好評的切花，但並非絕對。採收後多因為蒸散旺盛所以吸水功能不佳，且很可能因細菌增殖導致導管堵塞、水分狀態容易惡化。

圖3
Amber Series切花（Amber Double Bourbon）

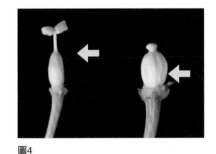

圖4
一般品種（Granas Light Pink）（右）與
（Amber Double Bourbon）（左）的雌蕊形態
箭頭方向為柱頭

　　目前幾乎沒有與洋桔梗切花保鮮期和栽培環境關係的相關調查。但是洋桔梗和玫瑰一樣，若在高濕度環境中栽培，採收後極可能因蒸散量過多而引起保鮮期縮短。多有灰黴病的問題，高濕度環境會助長灰黴病的發生。因此須適當地進行換氣，並避開高濕度環境。

　　STS劑前處理可延長保鮮期至某種程度。但是，STS處理無法促使花苞開花。以STS＋醣類進行前處理可促使花苞開花，比STS單獨處理的品質保持效果更高。洋桔梗用前處理劑的主要成分為STS與醣類。進行前處理時將醣類濃度提高至4%左右品質保持效果更佳，但是醣類濃度超過2%葉片容易發生藥害。可以藉由在前處理時提升濕度，或使用具有抑制蒸散作用效果的離層素（ABA）便能抑制葉片發生藥害（圖5）。但含有ABA的前處理劑尚未商品化。

　　藉由進行結合乙烯合成抑制劑Aminoethoxyvinylglycine （AVG）與合成生長素Naphthaleneacetic acid（NAA）的前處理可明顯延長洋桔梗切花的保鮮期，但因為藥劑價格過高等理由而未被實用化。

　　洋桔梗一般採用濕式運輸（圖6）。若只是單純的濕式運輸並無法達到延長保鮮期的效果。濕式運輸的效果僅有較不容易授粉、以及因為謹慎處理花朵所以品質惡化情形較少等。運輸過程中以醣類和抗菌劑處理便能促進花苞開花、延長保鮮期。

圖5
蔗糖、STS及ABA前處理與運輸中的蔗糖處理延長洋桔梗（Mila Marine）保鮮期的效果
左：對照，右：處理，保鮮期檢定第十四天

圖6
濕式運輸的洋桔梗切花

圖7
後處理延長洋桔梗（Granas Light Pink）保鮮期的效果
左：水，右：後處理，保鮮期檢定第十二天

　　雖然STS與醣類的前處理能延長保鮮期，但使用醣類與抗菌劑後處理的品質效果較前處理佳。高溫條件下後處理的效果極高。後處理不僅能促使花苞開花，也能促進發色，且能明顯延長保鮮期（圖7）。但是，若將後處理劑稀釋至規定濃度，醣類濃度則會變成1至1.5%左右，因此也有在此濃度下無法完全發色的情形。

　　洋桔梗會因為花瓣枯萎而失去觀賞價值。若品質保管適當，常溫下可確保兩週左右的保鮮期，高溫下則能確保十天左右的保鮮期。

玫瑰

D A T A

科　名	薔薇科
學　名	*Rosa*
分　類	木本類
原產地	歐洲、亞洲
乙烯敏感度	略高

　　最主要的切花之一，日本國內生產額排名於菊花、百合之後。愛知縣、靜岡縣等為主要產地，但日本全國各地皆有生產。自肯亞等海外國家進口的玫瑰比例也很多，最近統計數據顯示為20％。玫瑰多在高度環境控制的設施內生產，是生產所需經費最高的品項之一。雖然多被認為是香氣佳的切花代表，但最近的主要品種則多無香氣。

採收後切花的生理狀態

　　玫瑰切花的保鮮期相對較短，但有明顯的品種差異。古典玫瑰系品種保鮮期短，有不超過五天的情形，但也有 Mint　Tea等在保鮮期方面有相當好評的品種。

　　保鮮期短的原因之一為導管堵塞導致含水狀惡化。導管堵塞最大原因為細菌的增殖。藉由抗菌劑可抑制此問題（圖1）。乾式運輸會因為空氣進入導管而阻礙到吸水。

　　蒸散量大也容易導致水分狀態惡化。採收後水分狀態立刻惡化也是因為

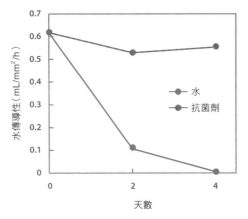

圖1
抗菌劑對玫瑰（Rote Rose）切花的水傳導性影響效果
水傳導性越低代表導管堵塞越嚴重

蒸散量大於吸水量所致。

醣類不足也是保鮮期短的主要原因之一。玫瑰切花通常在花苞階段採收。花苞在開花過程中，是因為構成花瓣細胞肥大才促使花瓣成長（圖2）。細胞肥大所需要的能量來源以及調節滲透壓皆需要大量的醣類，但是通常在採收期採收的切花花瓣中蓄積醣類不足。即使加上莖葉中儲藏的醣類也不足以使花苞開花。因此多會因為醣類不足導致花瓣無法完全展開便枯萎，而喪失觀賞價值。

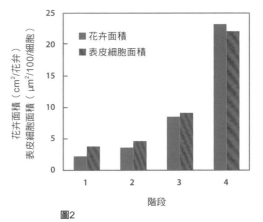

圖2
隨著玫瑰（Sonia）開花，花瓣與花瓣的構成表皮細胞的成長

123

玫瑰切花對乙烯的敏感度較高，最近主要品種Samurai[08]在高濃度乙烯環境下便會發生落瓣，也會促使落葉（圖3）。

圖3
乙烯處理對玫瑰（Samurai[08]）切花老化的影響
左：未處理，右：乙烯處理，以10ppm乙烯處理三天後的狀態

品質管理

玫瑰切花的保鮮期受到濕度環境相當大的影響。冬季時採收的切花保鮮期通常較短，原因在於高濕度的栽培環境導致氣孔失去閉合的功能。因此蒸散量增加、吸水功能容易惡化。高濕度環境則容易助長灰黴病的發生。若感染到灰黴病，即便進行後處理也會促使落瓣而無法擁有充足的保鮮期。因此，在適當進行除濕的同時，也必須徹底防除病害的發生。

目前尚未開發出能明顯延長玫瑰切花保鮮期的前處理劑。雖然市面上也

圖4
以可橫擺的濕式運輸方式出貨的玫瑰切花

有主要成分為銀的前處理劑，但因為性價比低，所以難以廣泛普及。可藉由出貨前使用硫酸鋁等抗菌劑處理多少能延長保鮮期。若是抗菌劑加醣類的前處理則能略為提高品質保持效果。醣類中，蔗糖比其他醣類更具有即效性。

Samurai[08]等最近新出的玫瑰品種中，有高乙烯敏感的品種。此類品種可藉由STS前處理將保鮮期延長數日。

若以乾式運輸運送玫瑰切花容易導致保鮮期縮短，採用濕式運輸便能抑

制保鮮期的縮短（圖4）。因此，一般採用濕式運輸。在濕式運輸的過程中需要使用抗菌劑來抑制細菌的增殖。在出貨前和運輸中進行醣類與抗菌劑處理便能延長保鮮期（圖5）。

前處理和運輸過程中的處理所能提供的醣類量有限，所以需要進行醣類＋抗菌劑的後處理。後處理是延長玫瑰切花保鮮期最有效的方法，即使在高溫條件下後處理也能明顯延長保鮮期（圖6）。與前處理不同，後處理的醣類以葡萄糖和果糖優於蔗糖。雖然機制的原理不明，但市售後處理劑中含有葡萄糖或果糖。

玫瑰會因花瓣枯萎、退色或落瓣失去觀賞價值。若品質管理適當，常溫下能確保十天保鮮期；高溫下則能確保七天左右的保鮮期。

火龍果

D A T A

科　名	金絲桃科
學　名	*Hypericum androsaemum*
分　類	木本類
原產地	西歐，北美
乙烯敏感度	低

　　黃色花瓣掉落後便會結果。待結果果實肥大及著色後便能作為切枝使用。有紅色、黃色、綠色等果色不同的品種。雖然日本在長野縣、高知縣有露地栽培、夏季出貨的火龍果，但也有大量自肯亞和厄瓜多進口的火龍果。進口比例至少超過70%，全年皆有供貨。也有當作葉材使用的情形。

採收後切花的生理狀態

　　即使火龍果在乙烯濃度超過10ppm的高濃度環境中放置數日也不會促使果實枯萎或落果。由此可見火龍果對乙烯的敏感度低，所以乙烯並非品質保持上的問題。

　　藉由連續醣類處理可延緩果實老化，所以可理解為醣類不足與果實老化有關。因為直接插於水中保存也不會枯萎，所以可視為無細菌導致導管堵塞問題的品種。

品質管理

　目前尚未開發出能有效延長保鮮期的前處理劑，一般出貨前皆未經過以STS劑等前處理劑處理。

　多採用乾式運輸，因為葉片容易枯萎，所以也有採用濕式運輸的情形（圖1）。

　火龍果的保鮮期較長，但仍可藉由醣類和抗菌劑處理來延長保鮮期。火龍果會因為果實褐變、枯萎而失去觀賞價值（圖2）。藉由醣類與抗菌劑後處理可抑制果實褐變，延長約2倍的保鮮期（圖3）。後處理有略微促進葉片褐變的問題，卻是目前延長保鮮期最有效的方法。

圖1
以濕式出貨的火龍果切花

　火龍果會因為果實枯萎而喪失觀賞價值。若品質管理適當，常溫下可確保約兩週左右的保鮮期；高溫環境下則能確保約十天左右的保鮮期。

圖2
火龍果果實失去觀賞價值時的狀態
黃色箭頭：褐變後的果實，白色箭頭：枯萎的果實

圖3
後處理延長火龍果（Sugarflair）切花保鮮期的效果
左：對照，右：後處理，保鮮期檢定第十五天

藍星花

D A T A

科　名	夾竹桃科
學　名	*Tweedia caerulea* D.Don
分　類	多年生草本
原產地	南美
乙烯敏感度	略高

名字來自其水藍色的星形花，過去擁有Oxypetalum、瑠璃唐綿等名稱。現在主要產地為高知縣，設施內栽培生產、全年出貨。原種花卉呈水藍色，但現在也已培育出白色和粉紅色的品種。

採收後切花的生理狀態

鮮豔水藍色的花朵在老化過程中會褪色至暗粉紅色後再枯萎、落花。對乙烯敏感度高，乙烯處理會促使花朵褪色與枯萎（圖2）。隨著花卉老化乙烯生成量增加，可以得知花朵老化可藉由乙烯來控制。

多花苞，必須促進花苞開花。

品質管理

STS劑前處理可有效延長保鮮期。處理方法同康乃馨。

藍星花花莖、葉片和花等，任一部

圖1　粉紅色的品種

分只要被切斷都會分泌出白色汁液。隨著時間經過白色汁液凝結，便會導致導管堵塞、影響到吸水功能。為了促進吸水，必須將切口浸於熱水30秒左右，或以乾淨流水清洗至汁液停止分泌後再使其吸水。可採用乾式運輸，但零售店必須再次進行吸水促進法。因此濕式運輸較為理想。

藍星花有大量的花苞，只單純插於水中並無法順利使其開花完全。且即使開花，也容易發生發色不完全或變白的情形。使用醣類與抗菌劑後處理可以有效解決此問題。藉由後處理可促進花苞的開花與發色，且能維持良好的吸水功能並延長保鮮期（圖3）。藍星花會因為花瓣的褪色和枯萎而喪失觀賞價值。若品質管理適當，常溫下可確保十天以上的保鮮期；高溫下則能確保一週以上的保鮮期。

圖3
後處理延長對藍星花切花保鮮期的效果
左：水，右：後處理，保鮮期檢定第十三天

百合

D A T A

科 名	百合科
學 名	*Lilium*
分 類	球根類
原產地	日本等
乙烯敏感度	低

　　山百合、日本百合、鹿子百合等日本原產的百合品種相當多。為多品種品種群。香水百合Oriental　hybrid為山百合父母本之一的品種，亞洲百合和LA型雜交種百合則是透百合的父母本之一。OT型雜交百合為鐵炮百合的父母本之一。日本國內生產額第二，僅次於菊花。新潟縣、埼玉縣、高知縣為主要產地。主要在設施內生產，但新種鐵炮一般則在露地生產。

採收後切花的生理狀態

　　百合對乙烯敏感度低，花卉老化與乙烯幾乎沒有關係。但若保管於低溫環境中，對乙烯的敏感度則會升高。另外，乙烯會抑制以透百合為原種的亞洲型和LA型品種花苞的開花。

　　葉片容易黃化。雖然有品種上的差

圖1

香水百合（Siberia ）經由葡萄糖處理導致葉片黃化

130

異，東方型（Oriental）西伯利亞容易黃化，且以醣類處理更會助長黃化（圖1）。葉片黃化可藉由吉貝素處理預防。雖然水仙百合用前處理劑有效，但若要實際使用便必須計算最適濃度。

吸水功能極佳，為無細菌問題的品項。

品質管理

開花後花瓣容易受傷且運輸不便。因此會在花苞階段進行採收，並避免在抵達零售店前讓其開花。

荷蘭一直以來都致力推廣對亞洲百合進行STS處理。但另一方面，日本國內過去一般都不進行前處理。最近證明LA型雜交種可藉由STS處理促進花苞的開花。東方型雜交種則顯示為可用6-BA處理達到品質保持效果。球根用前處理劑也有同樣的效果。具體而言，對LA型雜交種進行STS處理3小時，便能促進花苞開花。

夏季等採收期溫度較高的時期，若保存於5℃左右的低溫環境中，便會發生部分花被褐變的生理問題，導致商品價值大幅下滑（圖2）。褐變可藉由將出貨前保管溫度設定在10℃左右來預防。

百合多採用乾式運輸運送（圖3）。但即使採用乾式運輸，只要運輸溫度升高便會促使開花，如此不僅處理困難也容易縮短保鮮期。因此必須採用低溫運輸。因為百合吸水功能極佳，所以即使採用乾式運

圖2

發生於香水百合花被上的低溫傷害。紅色箭頭標示處即為受傷處。

圖3
乾式出貨的香水百合切花

輸，只要控制低溫和縮短運輸時間便無問題。

多數切花品項可藉由醣類與抗菌劑的後處理來延長保鮮期。百合也能藉由後處理來促進花苞的開花。經過STS前處理的LA型雜交種也可藉由搭配後處理將保鮮期再延長（圖4）。進行過BA前處理的香水百合切花若搭配後處理也比只使用前處理更能延長保鮮期（圖5）。但像香水百合（Siberia）此種葉片容易黃化的品種，若進行後處理反而會助長葉片黃化。若無進行抑制葉片黃化的前處理，就會發生葉片黃化，所以無法保證有良好的品質效果。所

圖4
STS前處理與後處理對LA型百合（Aladdin'sdesir）保鮮期的延長效果
左起為對照、後處理、前處理、前處理＋後處理，保鮮期檢定第七天

132

以，在使用上必須注意。

　　百合切花通常都會去除花粉以避免弄髒衣服，但去除花粉無法延長保鮮期。

　　百合屬於香氣佳的切花，但有時會因為香氣過重而被餐廳限制。Aminooxyacetic Acid（AOA）一般被視為是乙烯合成抑制劑，但也可抑制香氣成分的生合成。可藉由能抑制香氣成分生合成的AOA處理來減少過重的香氣。市面上也有以AOA為主要成分，具有抑制香氣發散效果的品質保持劑。雖然該品質保持劑為生產者用前處理劑，但在零售階段使用也有效果。

　　百合切花會在枯萎的小花過半時或花苞不開花時喪失觀賞價值。但也有因為葉片黃化而喪失觀賞價值的情形。雖然有系統及品種的差異，但只要品質管理適當，常溫下可確保十天左右的保鮮期；高溫下則能確保一週左右的保鮮期。

圖5
BA與吉貝素（GA）前處理與後處理對延長香水百合（Marrero）切花保鮮期的效果
左起為對照、後處理、BA前處理＋後處理、BA與GA前處理＋後處理，保鮮期檢定第五天

蘭花類

D A T A

科 名	蘭科
學 名	-------
分 類	多年生草本
原產地	亞洲、南美等
乙烯敏感度	高

　　通常概稱為石斛蘭的秋石斛蘭（Phalaenopsis Dendrobium）、東亞蘭、蝴蝶蘭、嘉德麗雅蘭、文心蘭等一般都被用作為切花。石斛蘭與文心蘭進口較多，東亞蘭、蝴蝶蘭及嘉德麗雅蘭則多半為日本國產。

採收後切花的生理狀態

　　嘉德麗雅蘭的保鮮期相對較短，大約為一週左右；其他蘭花類的保鮮期則相對較長。但因切花有醣類供給中斷的可能性，所以無法期待和連株時擁有相同的保鮮期。

　　對乙烯的敏感度高。其

圖1
授粉對蝴蝶蘭切花老化的影響
左：對照，右：授粉，授粉後第四天

圖2
1-MCP處理對東亞蘭切花品質保持的效果
左：對照，右：1-MCP處理，保鮮期檢定第十一天

中，萬代蘭的敏感度最高，東亞蘭則為其次。會因為授粉導致乙烯生成量急速上升而引起花被枯萎（圖1）。東亞蘭即使去除花粉塊也依舊會老化。

蝴蝶蘭與石斛蘭等熱帶原產品種若儲存於10℃以下，則容易發生低溫傷害。

品質管理

即使以STS劑處理也無法延長保鮮期。但使用具有抑制乙烯作用的1-MCP藥劑處理即可延長保鮮期（圖2）。1-MCP為氣體，所以直接對花作用有效。進口文心蘭切花皆有經過1-MCP的處理。

嘉德麗雅蘭切花可藉由搭配1-MCP、6-BA及醣類的短期處理來延長保鮮期。

蘭花類吸水功能佳，但為了避免運輸中枯萎所以通常會先插入注水管中再進行運輸。

藉由使用醣類和抗菌劑的後處理，可多少延長蘭花類切花的保鮮期。

蘭花類會因為花瓣枯萎而喪失觀賞價值。嘉德麗雅蘭之外的其他蘭花類在品質管理適當的條件下，在常溫環境中可確保兩週左右的保鮮期；高溫環境中則能確保約一週以上的保鮮期。

品質管理認證制度

　　「國產花卉保鮮期向上對策實証事業」為農林水產省國產花卉INNOVATION推廣的事業之一。MPS JAPAN （株）為實施主要單位，致力於該事業的推廣。品質管理認證制度即是在此事業下被制定出來的認證制度。

　　該制度是為了流通保鮮期優良的日本國產花卉。制度內容主要是將生產、流通與零售各階段中提高保鮮期的作業整理重點化，並給予取得規定點數以上之個人或團體認證。生產階段的認證為Flower Management Product（FMP），流通階段認證為Flower Management Trade（FMT），零售接段的認證為Flower Management Store（FMS）；標語則採用代表「連續鮮度」之意的「Relay Freshness」。FMP以生產者為對象，FMT以批發市場、中盤商、花束加工與物流公司為對象，FMS則以零售業者為對象。

　　認證上，滿分為110分，70分以上即算合格。不僅只有FMP與FMS，連FMT的批發市場、中盤商、花束加工與物流公司的檢查項目皆不同。

　　經過認證後，便能獲得可自由使用相對認證標章的權限。受到認證的團體可將此標章貼附於出貨箱等出貨資材上使用。

　　在本事業施行第二年時，取得認證的生產商約達兩千名；普及化迅速，可期待未來的擴展。本制度的詳細說明與申請等可至MPS JAPAN官網查詢。

品質管理認證標章
左起為生產用、流通用、零售用

季節性出貨品項的品質管理

繡球花

D A T A

科 名	繡球花科
學 名	*Hydrangea macrophylla (Thunb.)* Ser.
分 類	木本類
原產地	日本等
乙烯敏感度	不明

多為盆栽，最近切花的人氣也不斷攀升中。可分為山繡球花、額繡球花、繡球花、西洋繡球花、圓錐繡球、喬木繡球、柏葉繡球花等多種系統。近來有許多生產商特意不採收於夏季開花的繡球花，等到秋季花色變化後再進行採收並以秋色繡球花的名義出貨（圖1）。多進口，觀賞部位為萼片。

採收後切花的生理狀態

繡球花切花對乙烯的敏感度尚不明。但是若吸水功能惡化便會急速枯萎，且因為無落瓣現象，所以推斷對乙烯的敏感度低。

由花莖處切斷的繡球花切花即使經過修剪再插入水中，也會發生吸水功能下降的問題。細菌增殖所需的時間單位為天，因此吸水功能不良的原因難以歸為細菌增殖。目前推測應該是和菊

圖1 秋色繡球花

花、寒丁子、泡盛草等一樣，是因為產生保護切口的物質而導致導管堵塞。

圖2
以簡易濕式運輸出貨的繡球花切花

品質管理

目前尚不清楚對繡球花切花的品質保持具有明顯效果的前處理劑，但因為是吸水功能較不佳的品項，所以使用主要成分為抗菌劑的前處理劑溶液較為理想。

切花保管期限尚且不明，但是因為進口切花比例多，且即便流通時間相對較長也未因此發生問題，所以目前繡球花被認定是有相當保管期限的品項。

吸水功能較差，加上花朵容易受傷，採用濕式運輸較為理想（圖2）。

最有效的品質保持方法為進行醣類＋抗菌劑的後處理。藉由後處理可抑制吸水功能惡化並大幅延長保鮮期（圖3）。

繡球花會因為切花整體枯萎或小花萼片枯萎而喪失觀賞價值。若品質管理適當，常溫下可確保十天左右的保鮮期；高溫下則能確保七天左右的保鮮期。

圖3
後處理延長繡球花切花保鮮期的效果
左：對照，右：後處理，保鮮期檢定第十一天

翠菊

D A T A

科　名	菊科
學　名	*Callistephus chinensis* (L.) Nees
分　類	一年生草本
原產地	中國
乙烯敏感度	低

　　又稱為蝦夷菊花，主要為佛壇用花。屬於翠菊屬；而容易被視為翠菊近親的孔雀草則為紫菀屬花卉。大致可以分成大輪的松本系翠菊與小輪的花束用翠菊。翠菊多為露地栽培，主要為夏季出貨，目前主要產地為茨城縣、長野縣等地。

採收後切花的生理狀態

　　翠菊無乙烯的問題，即使進行STS處理也無法延長花卉的保鮮期。尚未開發出具有明顯延長保鮮期效果的前處理劑，因此出貨前通常都未經過前處理。

　　翠菊有高溫時葉片容易黃化的問題。葉片黃化為乙烯導致，所以STS劑處理可有效防止葉片黃化。

　　多花苞，必須使用含有醣類的品質保持劑以促進花苞開花。

　　吸水功能相對較佳，並非太大問題。

品質管理

因為尚無對翠菊切花延長保鮮期有效的前處理劑，所以出貨前通常不進行前處理。因為葉片容易黃化，所以必須驗證STS處理的有效性。

翠菊為吸水功能佳的品項，雖然一般採用乾式運輸，但也有採用濕式運輸的廠商（圖1）。為保鮮期長的品項，但在乾式運送過程中須保持低溫。

即使單純插於水中保鮮期也相對較長。但是有時會因為吸水不良而枯萎。葉片容易黃化。藉由醣類＋抗菌劑後處理可促進花苞開花、略微延長保鮮期（圖2）。

但是相較於其他的眾多品項，即使對翠菊進行後處理也難以讓已開花的花朵充分發色，其理由目前未明。

會因為舌狀花瓣枯萎或葉片明顯變黃而失去觀賞價值。若品質管理適當，常溫下可確保兩週左右的保鮮期；高溫下則能確保十天左右的保鮮期。

圖1
濕式出貨的翠菊切花

圖2
後處理延長翠菊（Cocotte Lavender）切花保鮮期的效果
左：對照；右：後處理，保鮮期檢定第十三天

風鈴桔梗

D A T A

科　　名	桔梗科
學　　名	*Campanula medium* L.
分　　類	多年生草本（部分為兩年生草本）
原產地	地中海沿岸等
乙烯敏感度	略高

桔梗科多年生草本。風鈴桔梗有多種園藝種。最近多栽培為園藝用花材的紫斑風鈴草也是風鈴桔梗屬的花卉。風鈴桔梗中最常被作為切花使用的是彩鐘花（Campanula medium）。

採收後切花的生理狀態

　　風鈴桔梗為保鮮期較長的品項，但對乙烯的敏感度較高，在高濃度環境下會引起花瓣枯萎。無授粉情況下，即使經過數日乙烯生成量不會增加，以STS處理保鮮期也幾乎不會延長。但是授粉後乙烯生成量上升（圖1），保鮮期也大幅縮短（圖

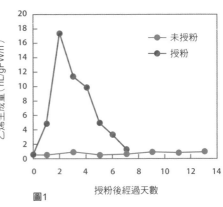

圖1

授粉對風鈴桔梗（Champion Pink）切花乙烯生成量的影響

2），藉由STS劑前處理可避免授粉的影響。

風鈴桔梗具有雄蕊會隨著花卉的增齡成長自然發生授粉，最終誘發花卉老化的特徵。

圖2
授粉對風鈴桔梗（Champion Pink）切花老化的影響
左：未授粉，右：授粉，授粉後第三天

品質管理

花卉增齡導致風鈴桔梗的乙烯生成量上升。因此即使經過STS劑處理也幾乎無法延長保鮮期。但STS劑處理具有防止乙烯帶來的負面影響。由此可以得知，一般對切花作STS劑處理的目的在於預防，並不能期待藉由STS劑處理來延長保鮮期。

風鈴桔梗為吸水功能相對較佳的品項。若採用乾式運輸時花朵容易受傷，所以採用濕式運輸較為理想。

圖3
後處理延長風鈴桔梗（Main Pink）切花保鮮期的效果
左：對照，右：後處理，保鮮期檢定第十四天

風鈴桔梗有大量的花苞，醣類＋抗菌劑後處理對風鈴桔梗切花的品質保持效果較佳（圖3）。雖然只插於水中保存，也能擁有相當天數的保鮮期，但藉由後處理可促進風鈴桔梗花苞開花及吸水功能，所以能得到更長的保鮮期。在高溫環境下，後處理的品質保持效果更為明顯。

金魚草

D A T A

科　名	車前科
學　名	*Antirrhinum majus* L.
分　類	多年生草本（園藝上為一年生草本）
原產地	地中海沿岸
乙烯敏感度	略高

　　金魚草可大致分成形狀如金魚的一般形款與花型較像毛地黃或釣鐘柳般的釣鐘形款（圖1）。多為一重開品種，但也有八重開品種。有香氣，尤其紫色品種多有芬芳的香氣。於設施內培育生產，主要在冬春季節出貨。目前千葉縣生產量最多，靜岡縣和埼玉縣也為主要產地。

採收後切花的生理狀態

　　金魚草為對乙烯較為敏感的品項。雖然有些許品種上的差異，但只要置於乙烯濃度超過1ppm的環境下，第二天便會發生落瓣的問題（圖2）。與已經開花的花朵相較之下，新生花苞對乙烯的敏感度較低。

圖1
普通形（左）與釣鐘形
（右）

金魚草與康乃馨、香豌豆花等高乙
烯敏感切花品項不同，只要未經授粉，
金魚草在老化過程中的乙烯生成量幾乎
不會上升；因此STS劑對金魚草的品質
效果有限。

金魚草在授粉後乙烯生成量上升，
多會促使落花。但（Athlete Yellow）等
品種具有即使授粉也不會促使乙烯生成
的特徵，所以不會發生落花現象。雖然
採收後切花的吸水功能尚佳，但若只是
插於一般水中不到五日便會發生花莖彎
折的問題，且花莖越細越容易彎折。可
藉由在插花水中加入抗菌劑來抑制花莖
彎折，因此被視為是對細菌敏感度較高
的品種（圖3）。

圖2
乙烯對金魚草（Maryland True Pink）切
花落瓣的影響
左：未處理，右：乙烯處理，以10μL/L
乙烯處理兩天後的狀態

切花橫放有花莖向上彎伸的問題。此現象代表與乙烯和鈣離子有關。目
前雖然也有報告提出預防此問
題的處方，但皆尚未達到實際
運用階段。

圖3
抗菌劑延長金魚草（Athlete Yellow）切花保
鮮期的效果
左：對照，右：抗菌劑，保鮮期檢定第六天

品質管理

　　金魚草除了會因為開花花朵
枯萎喪失觀賞價值之外，花穗上
方花苞不開花也是喪失觀賞價值
的原因之一。另外，因授粉或處於
高乙烯濃度下引發的落瓣也是喪
失觀賞價值的原因。除此之外，花
莖較細的金魚草切花則有可能因
為吸水功能惡化，導致花莖彎折
而喪失觀賞價值。如上所述，金魚
草喪失觀賞價值的原因相當多，所
以若想延長金魚草的保鮮期必須
找出各問題的對策。

圖4
使用ELF包裝出貨的金魚草切花

　　金魚草切花對乙烯的敏感度
高，再加上有大量的小花苞。因此前處理的基本目的為，延長已開花花朵的
保鮮期與促進花苞的開花。

　　金魚草一般使用STS劑進行前處理。但是STS劑雖然能略微延長已開花
花朵的保鮮期，但效果卻不顯著。且STS劑處理幾乎無法促使小花苞開花。
藉由STS劑處理能避免乙烯的影響。因為金魚草為高乙烯敏感的品項，所以
要在生產者階段進行STS劑處理。

　　可藉由醣類處理促進金魚草花苞開花。洋桔梗或滿天星用前處理劑的主
要成分為STS與醣類，雖然目前認為這些前處理劑具有提高金魚草品質保持
的效果，但還要進一步研究最適濃度與處理時間。

　　有報告指出以氯化鈣進行前處理可提升花莖的硬度，預防花莖彎折。雖
然氯化鈣的最適濃度為1%，但也有可能導致葉片發生藥害，所以尚未達到實

際運用的階段。

　　金魚草切花多採用乾式運輸，但會因負趨地性導致花穗向上彎伸。採用直立式濕式運輸可防止此問題產生（圖4）。在運輸過程中以醣類與抗菌劑處理切花可促使花苞開花、延長保鮮期。

　　藉由STS＋醣類前處理、運輸過程中的醣類與抗菌劑處理，可延長金魚草切花保鮮期至某程度，但若僅進行此兩種處理，並無法完全延長切花的保鮮期。延長金魚草切花保鮮期最有效的方法為使用醣類＋抗菌劑的後處理。

　　金魚草可藉由後處理延長已開花花朵的保鮮期並促進花苞開花（圖5、圖6）。且也能促進已開花花朵的發色。由上述效果可延長金魚草保鮮期約1.5至2倍。

　　金魚草會因為小花枯萎、落花和花穗彎折而喪失觀賞價值。若品質管理適切，常溫下可確保十天左右的保鮮期。

圖5
後處理延長金魚草（Yellow Butterfly）
切花保鮮期的效果
左：對照，右：後處理，保鮮期檢定第
八天

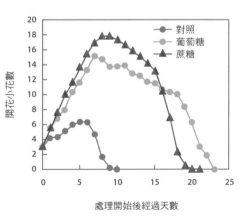

圖6
醣類處理對金魚草（Yellow Butterfly）開花數
的影響

薑荷花

D A T A

科　名	薑科
學　名	*Curcuma alismatifolia*
分　類	球根類
原產地	東南亞
乙烯敏感度	略低

　　薑荷花的觀賞部位為花苞，花朵開於花苞間並不明顯。日本國內薑荷花的切花生產大約始於20年前。於露地、設施內生產，夏季為主要出貨季節。目前的主要產地為靜岡縣、愛知縣、福岡縣等。

採收後切花的生理狀態

　　熱帶原產，在高溫環境下保鮮期也不易縮短，但若保管於未滿10℃的低溫環境下則容易引發各種問題。

　　薑荷花對乙烯略為敏感，在高乙烯濃度的環境下會略微促使花苞枯萎。但是無法依靠乙烯抑制劑延長保鮮期。

品質管理

　　雖然薑荷花也可使用濕式運輸（圖1），但主要為乾式運輸。因為乾式運輸後的吸水不良可能會導致保鮮期大幅縮短，所以若採用乾式運輸便必須以Tween20等界面活性劑進行前處理，如此即可避免保鮮期的縮短（圖2）。

　　熱帶原產植物，無法以低溫保管。運輸溫度也應該維持在10℃以上。但

圖2
界面活性劑前處理與濕式運輸對薑荷花切花保鮮期
的影響
自右起為水＋乾式運輸、界面活性劑＋乾式運輸、
水＋濕式運輸、界面活性劑＋濕式運輸，保鮮期檢
定第五天

圖1
濕式出貨的薑荷花切花

因為高溫環境同樣會造成保鮮期縮短，所以須多加留意保管溫度。

　　以抗菌劑進行連續處理能看見品質保持的效果。若在抗菌劑中加入葡萄
糖等醣類物質，可能會促使苞葉發生藥害，反而導致保鮮期縮短。因此，薑
荷花也被視為是較不需要進行一般後處理的品項。

　　薑荷花會因為花苞枯萎而喪失觀賞價值。只要在流通階段持續供給水
分，便會是保鮮期相當長的品項。常溫環境下可確保兩週保鮮期；高溫環境
下則能確保一週以上的保鮮期。

雞冠花

D A T A

科 名	莧科
學 名	*Celosia argentea* L.var.*cristata* (L.) Kuntze
分 類	一年生草本
原產地	印度等
乙烯敏感度	低

　　雞冠花可大分成雞冠雞頭、久留米雞頭、羽毛雞頭、槍雞頭、野雞頭等多種品種群（圖1）。雖然也有種苗公司培育出來的品種，但也有許多直接出貨原生種的情形。多在露地培育。目前的主要產地為新潟縣、埼玉縣、愛知縣、德島縣、福岡縣等地。觀賞部位為花序，是花朵的集合體。

採收後切花的生理狀態

　　雞冠花切花對乙烯的敏感度低，即使暴露在超過10ppm的高濃度乙烯環境

圖1

雞冠花各系統　左起久留米雞頭、雞冠雞頭、羽毛雞頭、野雞頭

中數日也不會促使花序老化。

任一系統的雞冠花皆有在開花後出貨的情形，較不容易因醣類不足引起保鮮期縮短。

大部分的系統較無吸水問題，但野雞頭需要多加留意。

圖2　乾式出貨的羽毛雞頭

品質管理

雞冠雞頭和久留米雞頭的開花期長，可調整採收時期。

但已經形成種子等花齡較老的雞冠花切花會因為保鮮期變短必須多加留意。

目前尚無對雞冠花切花的品質保持具有明顯效果的前處理劑，所以出貨前多無經過前處理。多數品種的吸水功能良

圖3
後處理延長久留米雞頭（Pride）切花保鮮期的效果
左：對照，右：後處理，保鮮期檢定第20天

好，但雞冠雞頭中花序巨大的品種則有吸水困難的情形。此時使用主要成分為界面活性劑的品質保持劑，為花卉進行吸水促進法較為理想。

一般採用乾式運輸（圖2），只要保持低溫運輸便無太大問題。

對久留米雞頭切花品質保持最有效的方法為醣類＋抗菌劑後處理，藉由後處理可明顯延長保鮮期（圖3）。

雞冠花會因花序枯萎，有時則是因為形狀將近崩壞而喪失觀賞價值。所有品種群的保鮮期都相對較長，若品質管理適切，常溫下可確保兩週以上的保鮮期；高溫下則能確保一週以上的保鮮期。

芍藥

D A T A

科 名	牡丹科
學 名	*Paeonia lactiflora* Pall.
分 類	多年生草本
原產地	中國
乙烯敏感度	略高

　　牡丹科多年生草本，中國原產。主要為露地生產，因此出貨期僅限於以自然開花期為主的期間。目前最主要的生產地為長野縣北部，因花容豪華廣受大眾青睞，後來廣泛於各地生產。

採收後切花的生理狀態

　　芍藥為對乙烯敏感度相對較高的品項，高濃度乙烯會引起落瓣。花苞開花所需時間短，開花後保鮮期也短，因此採收期通常在花苞尚硬的時期；但是芍藥最大的問題在於未開花便過了保鮮期。

　　開花困難與否有品種上的差異性。例如Sarah Bernhardt不易開花，但夕映與春之粧則容易開花（圖1）。不易開花的品種較適合推遲採收期。摘除葉片、採用濕式運輸可使芍藥較容易開花，從此可以推斷芍藥不開花與水分有關。

　　開花後的保鮮期也有品種上的差異性，Sarah Bernhardt 與富士為保鮮期相對較長的品種。今後亦能期待培育出開花容易且開花後保鮮期長的品種。

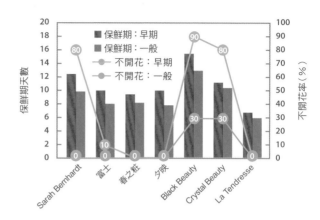

圖1

早期採收與一般時期
採收對各芍藥品種保
鮮期與不開花的影響

品質管理

即使以STS劑進行前處理也無法延長芍藥的保鮮期。

一般採用乾式運輸，但濕式運輸具有解決不開花問題的效果。因此，不
易開花的品種採用濕式運輸較為理想。

又因芍藥為開花迅速且保鮮期短的品項，所以必須採用低溫運輸。

使用醣類與抗菌劑進行後處理可促進開花並延長保鮮期至某程度（圖
2）。但在不易開花的品種當中，也有不少即使經過後處理也無法完全開花的
情形。

芍藥花會因為
花瓣枯萎而喪失觀
賞價值。若品質管
理適當，常溫下可
確保一週左右的保
鮮期。

圖2

後處理對芍藥保鮮期的影響
左：對照，右：後處理，保
鮮期檢定第十二天

香豌豆花

D A T A

科　名	豆科
學　名	*Lathyrus odoratus* L.
分　類	一年生草本
原產地	西西里島
乙烯敏感度	高

　　香豌豆花喜冷涼氣候，僅在冬春季節出貨。持續陰天會導致香豌豆花的花苞掉落，所以若非冬季日照量足夠的地區，便難以生產販售香豌豆花。目前的主要產地為宮崎縣，其他產地尚有和歌山縣、岡山縣、神奈川縣、大分縣。

採收後切花的生理狀態

　　香豌豆花對乙烯的敏感度高。高乙烯濃度環境會引起花瓣枯萎，枯萎後全花落花。乙烯生成量隨著花卉老化增加。除了花瓣之外，雄蕊也會生成大量的乙烯。如上所述，可藉由乙烯來控制香豌豆花花朵的老化。

　　蘭花類等高乙烯敏感的花卉大多會因為授粉而開始老化、保鮮期縮短。但是，香豌豆花在開花的時間點便已經自然發生自花授粉，且即使在開花前去除花粉、防止其授粉也無法延長保鮮期。

品質管理

　　香豌豆花必須進行STS劑前處理。STS劑處理須在採收後立刻進行處

圖1
ＳＴＳ前處理對香豌豆花（湘南
Orion）切花保鮮期的效果
左：對照，右：STS前處理，保鮮期
檢定第八天

圖2　乾式出貨的香豌豆花切花

圖3
ＳＴＳ前處理與後處理對香豌豆花
（Ripple Peach）切花保鮮期的效果
左：對照，中：前處理，右：前處理
＋後處理，保鮮期檢定第十四天

理；濃度以0.2mM，處理時間以2小時為基
準。藉由STS劑處理可將香豌豆花的保鮮
期延長至兩倍以上（圖1）。若未經STS劑
的適當處理，即使在之後細心地進行品質
管理也難以確保消費者階段能擁有充分的
保鮮期；且處理時間過長也有可能發生藥
害。

　　市面上一般也有黃色與橘色的香豌豆
花，有顏色的香豌豆花是在生產者階段進行
STS劑處理時與吸水同時進行染色的效果。

　　香豌豆花的吸水功能良好，一般採用乾
式運輸（圖2），但須配合低溫運輸。

　　經過STS劑適當處理後的切花可在藉由
進行醣類與抗菌劑的後處理再度延長保鮮期
（圖3），且後處理也有抑制褪色的效果。

　　香豌豆花會因花瓣枯萎而喪失觀賞價
值。若品質管理適切，常溫下可確保一週
以上的保鮮期。

紫羅蘭

D A T A

科　名	十字花科
學　名	*Matthiola incana* (L.) R.Br.
分　類	多年生草本（園藝上為一年生草本）
原產地	南歐
乙烯敏感度	略高

　　主要出貨時期在秋至春季的低溫期。千葉縣產量最多，山形縣、長野縣、鳥取縣等也為主要產地。紫羅蘭大致可以分成主莖不容易分枝的標準款與容易分枝的多花型款。日本國內流通的品種多半為千葉縣黑川氏所培育。

採收後切花的生理狀態

　　紫羅蘭的葉面大，蒸散量也多。尤其高溫時期的蒸散量大，容易發生吸水困難的情形。

　　紫羅蘭為乙烯敏感度略高的品項。高乙烯濃度環境會促使紫羅蘭落花（圖1）。花穗因負趨地性容易彎曲。多花苞，所以促使花苞開花也是重要的課題。

圖1
乙烯對紫羅蘭（Iron White）老化的影響
左：未處理，右：乙烯處理，以10μL/L的乙烯連續處理三天後的狀態

圖2
STS前處理對紫羅蘭（Iron White）切花
保鮮期的影響
左：對照，右：STS處理，保鮮期檢定第
十二天

圖3
後處理對紫羅蘭（Quartet Lavender）切花保鮮期
的影響
左：對照，右：後處理，保鮮期檢定第十天

品質管理

　　若在秋季採收期，多會發生吸水困難的問題。目前認為原因在於蒸散量
大於吸水量。使用界面活性劑可促進並改善吸水，尤以苯扎氯銨的效果最
高。

　　雖然可藉由STS劑略加延長已開花花朵的保鮮期（圖2），但處理時間過
長容易產生藥害；因為保鮮期延長的效果不明顯，所以STS劑前處理幾乎尚
未普及。

　　最近證實藉由6-BA的撒布處理能延長保鮮期。BA的品質保持效果較
STS高，可期待未來實用技術的確立。

　　紫羅蘭一般採用乾式運輸。若採用濕式運輸花卉容易伸長，所以必須維
持低溫運送。

　　對紫羅蘭切花品質保持最有效的方法為使用醣類與抗菌進行後處理。藉
由後處理可促進花苞開花，將延長保鮮期1.5倍左右（圖3）。

　　香豌豆花會因花瓣枯萎而喪失觀賞價值。若品質管理適當，常溫下可確
保十天左右的保鮮期。

鬱金香

D A T A

科　名	百合科
學　名	*Tulipa gesneriana* L.
分　類	球根類
原產地	地中海沿岸至中亞
乙烯敏感度	低

　　自古以來鬱金香的育種繁盛，因此有各式各樣的品種群。花型豐富，最近八重品種最多，於冬春季出貨。另外也有Ballerina等擁有芳香香氣的品種。現在鬱金香切花的主要產地為新潟縣，其次為埼玉縣。富山縣也為鬱金香的主要產地，但主要以生產球根為主，切花的生產量並不多。

採收後切花的生理狀態

　　鬱金香有多種品種，但花朵的保鮮期在常溫下一般皆在五至七日左右，品種間的差異性不大，基本上為保鮮期短的品項。

　　氣溫的上升下降會促使鬱金香花瓣開闔。鬱金香的特徵為溫度上升時開花，下降時閉合，花瓣在此開闔的過程中成長。在溫度固定環境下的鬱金香雖然無花瓣開闔的現象，但花瓣還是會漸漸成長。

　　鬱金香對乙烯的敏感度低，即使使用STS劑處理也無法延長保鮮期。

　　品質保持對策上最大的問題在於花莖過度伸長，且在觀賞過程中多會發生花莖伸長導致下垂的問題。若伸長過度會因花莖彎折而喪失觀賞價值。花

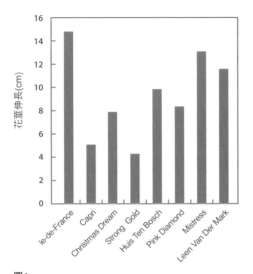

圖1
鬱金香切花品種間的花莖伸長差異（渡邊等）
於保鮮期檢定第六天進行調查

莖伸長的程度與品種有關，其中也有較無此問題的品種（圖1）。花莖伸長與生長素、吉貝素等與植物成長有關的植物賀爾蒙有關。

鬱金香葉片容易黃化，也會因此導致觀賞價值低落。但是，葉片黃化也有品種上的差異，如（Christmas Dream）（Leen Van Der Mark）等容易黃化，（le-de-France）則不容易黃化。水仙百合與百合能有效藉由

吉貝素處理抑制葉片的黃化，但吉貝素對鬱金香的效果不佳，使用合成細胞分裂素6-BA的效果較好（圖2）。由此可知葉片黃化與細胞分裂有關。

如上所述，鬱金香切花除了花朵保鮮期短之外，還有花莖伸長與葉片黃化等多種導致喪失觀賞價值的原因；因此若要解決以上問題即必須有複數的對策方案。

品質管理

雖然目前對鬱金香切花保鮮期與栽培環境之間關係的相關研究尚少，但已知若

圖2
鬱金香（Christmas Dream）的葉片黃化與藉由BA進行的黃化抑制
左：對照，右：BA（但分別為BA與乙烯利（Ethephon）前處理後與後處理）
保鮮期檢定第七天

栽培時夜間溫度過高會促使保鮮期變短。

藉由乙烯利（能產生乙烯的藥劑）的短期間處理可抑制花莖的伸長。但是，乙烯利處理會抑制花朵成長導致花朵容易變小。除此之外，也會引起保鮮期縮短的副作用。

乙烯利＋BA組合可抑制妨礙花朵成長與保鮮期縮短的副作用（圖3），且BA也具有抑制葉片黃化的效果。前處理基準溫度為4℃，處理時間為4小時。因為與過去出貨體系中的吸水條件相同即可，所以方便編制進出貨體系內。近年來市售鬱金香專用前處理劑也具有同樣的效果，所以一般使用前處理劑即可。但是，乙烯利與BA組合前處理劑幾乎無法延長花朵的保鮮期。且即使在前處理時添加蔗糖，保鮮期延長效果也不大。

鬱金香的吸水功能極佳，所以也可採用乾式運輸（圖4）。但是必須維持

圖3
乙烯利與BA的前處理的抑制鬱金香（Huis Ten Bosch）切花花莖伸長的效果
左：對照；右：前處理，保鮮期檢定第七天

圖4
乾式出貨的鬱金香切花

2℃左右的低溫。

可藉由醣類＋抗菌劑的後處理來抑制鬱金香花朵的保鮮期。而且，Akela等插於水中無法發色的品種也能經由後處理正常發色（圖5）

BA＋乙烯利前處理再搭配上後處理即可抑制花莖伸長與葉片黃化、延長保鮮期、提高品質保持效果（圖6）。可在多種市面上流通的品種上看到此處理的效果。

鬱金香中含有有毒物質，所以處理上必須注意安全。

鬱金香會因為花被褪色和枯萎、花莖下垂或葉片黃化而喪失觀賞價值。若品質保管適切，常溫下可確保一週左右的保鮮期。

圖5
後處理促進鬱金香（Akela）切花發色的效果
左：對照；右：後處理，保鮮期檢定第八天

圖6
前處理＋後處理延長鬱金香切花（Christmas Dream）品質保持的效果
左：對照；右：前處理＋後處理，保鮮期檢定第六天

日本水仙

D A T A

科　名	石蒜科
學　名	*Narcissus tazetta* var. *chinensis* Roem.
分　類	球根類
原產地	地中海沿岸
乙烯敏感度	略低

　　原產於地中海沿岸各國。目前被認為是於古時傳進日本並經過野生化後的花卉。一般為露地生產,主要產地為千葉縣與福井縣(圖1)。日本水仙切花即是野生種,並無所謂的品種。根據花卉的營養狀態可開出八重開的花朵。

採收後切花的生理狀態

　　日本水仙切花雖然對乙烯的敏感度低,但在高乙烯濃度環境下還是會引起花朵枯萎。若日本水仙授粉,會導致乙烯生成量上升進而促使花朵枯萎。因此,花朵老化與乙烯有關。

　　與水仙百合與百合等相同,觀賞價值下降的主要原因為葉片容易黃化。

圖1
日本水仙的栽培苗圃場(福井縣越前町)

圖2
日本水仙的葉片黃化

品質管理

前處理的基本目的為延長花朵的保鮮期與防止葉片黃化。藉由STS劑處理可延長花朵的保鮮期；藉由吉貝素處理則能抑制葉片黃化。因此，藉由STS＋吉貝素前處理，可相當延長保鮮期期間（圖3）。水仙百合用前處理劑的主要成分為STS與吉貝素，所以被認為對延長保鮮期有效，但必須重新審視稀釋濃度。

日本水仙一般採用乾式運輸。因為是吸水功能佳的品項，所以只要控制低溫、短時間的運輸即能以乾式運輸運送。

插於水中花苞即能開出漂亮的花朵。後處理會促使葉片黃化，所以建議不要使用後處理。

日本水仙為在冬季於露地中開花的品項，觀賞時溫度過高會促使保鮮期大幅縮短，因此須避免保存在高溫環境下。

從日本水仙的切口會分泌出促使其他品項保鮮期縮短的多醣類物質，建議避免與其他品項插於同花瓶中。

日本水仙會因為小花枯萎或葉片黃化而喪失觀賞價值。若品質管理適當，常溫下可確保一週左右的保鮮期。

圖3
前處理延長日本水仙保鮮期的效果
左：對照；右：前處理，保鮮期檢定第六天

桃花

D A T A

科　名	薔薇科
學　名	*Prunus persica* (L.) Batsch
分　類	木本類
原產地	中國
乙烯敏感度	不明

　　桃花為極具代表性的枝材，一般為露地栽培。主要產地為福島縣、神奈川縣、和歌山縣等地，出貨時期以桃花季為主。

採收後切花的生理狀態

　　桃花對乙烯的敏感度不明，因同屬櫻花對乙烯的敏感度高，所以推測桃花對乙烯的敏感度應該也不低。但是，目前尚未證明出STS劑處理的品質效果。

　　一般會在花苞階段採收，並進行在日文中稱為「Fukasi」的開花調整作業後，再於出貨最適期出貨。花苞開花與保鮮期必須依靠枝幹中儲存的碳水化合物；若枝幹細短，花瓣即容易褪色，開花也容易受阻。

圖1
存放於室內中，正在進行開花促進處理的桃花切枝

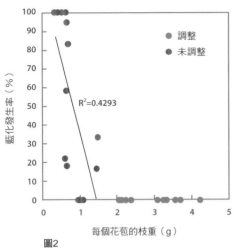

圖2
花苞數的調整與藍化發生率的關係（田邊、
未公布）

圖3
後處理延長桃花切花保鮮期的效果
左：對照；右：後處理，保鮮期檢定
第五天

品質管理

　　桃花在嚴寒期間採收，經過開花促進
處理之後，在於桃花季前集中出貨。開花
促進處理適將切花插於水中並至於稱為
「Muro」的暗室內並加溫至20至25℃以促使花苞的成長（圖1）。

　　細短枝的花帶有青綠色，嚴重時有可能發生藍化的問題。藍化的原因來
自枝幹中儲藏醣類量不足，若能在最初控制花苞數目便能抑制藍化的發生。
（圖2）。實際運用上，只要於插花水中加入含有醣類與抗菌劑的後處理劑便
能提供醣類，解決此問題。

　　桃花的吸水功能佳，一般採用乾式運輸。保鮮期相當短，尤其在高溫環
境下保鮮期更會明顯縮短。經由進行醣類＋抗菌劑的後處理可促使花苞開
花，延長保鮮期約兩倍左右（圖3）。

雪球花

D A T A

科　名	五福花科
學　名	*Viburnum plicatum* Thunb. var. *plicatum*
分　類	木本類
原產地	歐洲等
乙烯敏感度	略高

雪球花為五福花科莢蒾屬木本類花卉。市面上流通的有Snow Ball、Tinus、Compact及大手毬等。主要產地為北海道、山形縣、愛媛縣等地。其中Snow Ball的流通量壓倒性地多於其他品項，因此此處以Snow Ball為範本來加以解釋。

採收後切花的生理狀態

Snow Ball出貨時為淡綠色，之後慢慢轉白。對乙烯的敏感度略高，只要進行乙烯處理便會出現落花現象。

雪球花為吸水功能容易惡化的品項。若只插於水中多會枯萎，但目前尚未研究出導管堵塞的原因。

品質管理

可藉由STS劑處理抑制落瓣，葉片容易出現問題，目前尚未確立出較安定的處理技術。除了吸水問題之外，因花呈球狀所以容易受傷，一般採用濕式運輸（圖1）。

醣類與抗菌劑的後處理對提升Snow Ball切花的品質保持有效，可藉此後處理延長保鮮期。

　Snow Ball一般為露地栽培，有固定出貨時期。日本地方獨立行政法人北海道總研花・野菜技術中心已開發出Snow Ball切花的抑制出貨技術。具體上為於花苞尚未成熟時採收後插入枝物用前處理劑中，並保存於1℃的環境中兩個月。結束後將切枝插於含有醣類與抗菌劑的液體中，置於常溫下約兩週左右即可促使開花。通常出貨時期在5月下旬至6月中旬，但經過此處理便可在7月中出貨。若要開出大花朵，必須進行葡萄糖或蔗糖等醣類處理。醣類濃度調整至1%即可。在開花管理過程中進行醣類處理約兩週後，即使只插於水中也能開出大花朵（圖2）。

　雪球花會因落瓣或切花整體枯萎而喪失觀賞價值。若品質管理適切，常溫下可確保一週以上的保鮮期；高溫下則能確保五天以上的保鮮期。

圖1
濕式出貨的雪球花（Snow Ball）切花

圖2
葡萄糖處理對促進雪球花（Snow Ball）切花開花的效果
左：無處理；右：葡萄糖（1%）處理
處理後移插水中第五天的狀態

向日葵

D A T A

科　名	菊科
學　名	*Helianthus annuus* L.
分　類	一年生草本
原產地	墨西哥
乙烯敏感度	低

　　夏季超人氣花壇用花卉。因為花莖過於巨大，所以過去幾乎不會用作切花。但是在成功培育出Sun Rich等小輪、細花莖切花用品種後，經由推廣、普及，向日葵變成了人氣切花品項。栽培相對較容易，且從栽種至採收間的日數也短。目前主要產地在北海道、千葉縣等地。

採收後切花的生理狀態

　　存放於常溫下，向日葵保鮮期大約為一週至十天左右，並非保鮮期長的品項。雖然主要是夏季生產的品項，但在高溫條件下保鮮期會大幅縮短。

　　向日葵與大部分的菊科品項一樣，對乙烯的敏感度低，即使經過乙烯處理也不會引起花瓣枯萎。

　　較無吸水問題。

品質管理

　　已經證實經由撒布吉貝素可抑制筒狀花的開花、維持外觀上的鮮度。有

效濃度為3.5至35mg/L，但無延長保鮮期的效果。STS劑的品質保持效果不佳。另外，抗菌劑處理也無法延長處理之後的保鮮期；目前尚未開發出能有效延長向日葵保鮮期的前處理劑。

向日葵多採用乾式運輸，最近也出現濕式運輸（圖1）。雖然濕式運輸也無法延長保鮮期，但可以避免搬運過程中的傷害。

目前最能有效提升向日葵切花品質保持的方法為使用醣類＋抗菌劑的後處理。經由後處理可延長保鮮期約1.5倍（圖2）。後處理在高溫環境下也有效。

圖1
乾式（上）與濕式（下）出貨的向日葵切花（西岬共撰部會向日葵部會，館山市）

向日葵會因花瓣枯萎而喪失觀賞價值。若品質管理適當，常溫下可確保一週以上的保鮮期；高溫下則能確保五天以上的保鮮期。

圖2
後處理延長向日葵切花保鮮期的效果
左：對照；右：後處理，保鮮期檢定第十二天

小蒼蘭

D A T A

科　名	鳶尾科
學　名	*Freesia*
分　類	球根類
原產地	南非
乙烯敏感度	低

　　黃花與白花品種多有香氣。主要為設施內生產，於冬至初春出貨。
目前的主要產地為茨城縣，但產量有下滑的傾向。

採收後切花的生理狀態

　　與其他大多數的球根類切花一樣，小蒼蘭對乙烯的敏感度低，即使將其
置於乙烯濃度高的環境中也
不會引起枯萎，但花苞會因
為乙烯而枯死。

　　隨著花卉老化，乙烯生
成量急遽上升。雖然經由
STS與蔗糖處理能延遲乙烯
生成高峰，但不具有延長保
鮮期的效果。

　　小蒼蘭屬於吸水功能極
佳的切花，多採用乾式運

圖1
使用ELF水桶出貨的小蒼蘭切花

輸，只要控制低溫運輸便不會影響到保鮮期。最近也可看見使用水桶運輸的小蒼蘭（圖1）。

品質管理技術

雖然可藉由STS劑前處理略微促進花苞的開花，但並無延長已開花花朵保鮮期的效果，所以STS劑前處理的實用性不佳。目前尚未開發出能有效延長保鮮期的前處理方法。需要嘗試試用具有延長百合、荷蘭鳶尾、劍蘭等切花保鮮期效果的球根用前處理劑。

小蒼蘭有多數花苞，若只插於水中難以讓花卉上方的小花苞開花。藉由進行主要成分為醣類與抗菌劑的後處理可促使小花苞開花。後處理除了能促使花苞開出大花之外，也能增加開花數，整體結果上可延長保鮮期（圖2）。

小蒼蘭為低溫性花卉；若置於超過25℃的高溫環境下，除了已開花花朵保鮮期縮短之外，花苞也無法開出漂亮的花朵。因此，觀賞時必須置於低溫處。

小蒼蘭會因為花被枯萎而喪失觀賞價值。若為品質管理適當的切花，常溫下可確保約一週左右的保鮮期。

圖2
後處理延長小蒼蘭切花保鮮期的效果
左：對照；右：後處理，保鮮期檢定第十天

陸蓮花

D A T A

科　名	毛茛科
學　名	*Ranunculus vulgaris* Mill.
分　類	球根類
原產地	歐洲與西亞
乙烯敏感度	略高

　　設施內生產，冬春季出貨。目前主要產地為長野縣、香川縣、宮崎縣等地。綾園藝草野氏培育出主莖長、具優良觀賞性的劃時代切花用品種。過去的出貨型態以多花苞的多花型陸蓮花為主；現在的出貨主流則是將草野氏培育出的品種去除腋芽後的一輪型態。另外也有藉由與野生種雜交使其擁有光亮花瓣的（Rax）系品種群（圖1）。

採收後切花的生理狀態

　　陸蓮花的特徵即為在伴隨花莖伸長同時，花瓣會反覆開合成長。儘管觀賞時有花莖容易彎折的問題，但因為經過花瓣反覆開闔的花卉其花莖變硬，所以不容易彎折。因此，在完全開花後的階段出貨較為理想。

　　對乙烯的敏感度略高，乙烯濃度高會促進落瓣（圖2），至落瓣前需有數日的乙烯處理。花卉在老化過程中，花瓣、雌蕊及花托的乙烯生成量幾乎都會同時上升。

品質管理

STS處理對保鮮期的延長效果不
佳，但目前理由不明。

陸蓮花是吸水功能相對較佳的品
項，但因為乾式運輸容易傷及花瓣，所
以多採用濕式運輸。

若是以多花苞狀態出貨的切花，擁
有花苞的花莖容易彎折。尤其觀賞時的
溫度越高，花莖彎折的狀態越明顯。經

圖1
由草野氏培育出的（Rax）系陸蓮花

由醣類與抗菌劑處理可促進花苞開花、抑制花莖彎折的發生，且能在保管程
度下延長保鮮期。但在一輪的切花上較看不到後處理的品質保持效果。

STS劑前處理與醣類＋抗菌劑後處理的各保鮮期延長效果小，但只要結
合兩者，便能延長保鮮期約1.5倍左右。

陸蓮花會因為花瓣枯萎或落瓣、花莖彎折而喪失觀賞價值。若品質管理
適當，常溫下可確保約一週左右的保鮮期。

圖2
乙烯處理導致陸蓮花（Chiho之戀）落瓣
左：對照；右：乙烯處理，以10μL/L乙烯連續處理三天後的狀態
因乙烯處理導致落瓣，所以花看起來較小

龍膽

D A T A

科　名	龍膽科
學　名	*Gentiana*
分　類	多年生草本
原產地	日本
乙烯敏感度	高

　　龍膽大致上可以略分為以蝦夷龍膽為原種的蝦夷系龍膽，以及以笹龍膽為原種的笹系龍膽。蝦夷系多為早生種（生長期間較短），笹系則多為晚生種（生長期間較長）；兩者一般皆為露地生產（圖1）。一株可連續栽培數年。蝦夷系品種的花瓣開幅較小；笹系品種花瓣則會開至外翻。主要用作佛花，出貨時期為夏秋季，盂蘭盆節為主。目前的主要產地為岩手縣，產量占日本國內龍膽花產量的2/3。秋田縣、福島縣、長野縣等地的生產量野相當多。

採收後切花的生理狀態

　　龍膽切花保鮮期相對較長，但對乙烯的敏感度高（圖2）。笹系品種對乙烯的敏感度高於蝦夷系品種，暴露於2ppm乙烯環境中一天內花瓣便開始枯萎。雖然對

圖1　龍膽的栽培圃場（岩手縣西和賀町）

圖2
乙烯對龍膽（深山秋）切花
老化的影響
左：對照；右：乙烯處理，
以10μL/L乙烯連續處理兩
天後的狀態

乙烯的敏感度不及康乃馨，但可披敵高乙烯敏感品項之香豌豆花和飛燕草。蝦夷系品種也有某程度上的敏感度。

　　授粉會導致乙烯生成量增加、花瓣急遽枯萎。雖然目前尚不清楚龍膽花對插花水中增殖細菌的敏感度，但幾乎沒有吸水問題。

　　因為有大量的花苞，所以開花所須的醣類也很重要。龍膽的花瓣中含有大量龍膽屬的特殊醣類。目前尚不清楚其功能，此也為今後的課題。

品質管理技術

　　龍膽一般為露地生產，因此多有昆蟲訪花。昆蟲吸蜜時會發生授粉，結果便會導致保鮮期縮短（圖3）。花瓣也會因為薊馬類

圖3
來訪龍膽花的蜜蜂（上）與因授粉導致枯萎的
花朵（下：紅色箭頭）

昆蟲的吸汁導致保鮮期大幅縮短。為了防止此問題必須張設防蟲網，或適當地撒布殺蟲劑。

與大部分乙烯敏感度高的品項相同，經由STS劑前處理可延長保鮮期。尤其對乙烯敏感度高的笹系品種效果更明顯。處理方法與康乃馨的STS劑處理相同。雖然藉由STS劑處理獲得的保鮮期延長效果並不顯著，但具有防止其受到乙烯負面影響的效果。雖然目前以STS劑處理龍膽的方法還尚未普及，今後有施行的必要。

龍膽為吸水功能佳的切花，通常採用乾式運輸（圖4）。但若運輸溫度過高會縮短保鮮期，所以必須採用低溫運輸。極力縮短運輸期間較為理想。

進行醣類＋抗菌劑的後處理能有效提高龍膽切花的品質保持效果、延長保鮮期，高溫環境下也可將保鮮期間延長至十天左右。於花苞階段採收龍膽雖然能避免因授粉導致的保鮮期縮短，但會發生發色障礙。此問題也可經由後處理解決。

龍膽會因為花瓣枯萎而喪失觀賞價值。若品質管理適當，常溫下可確保十天以上的保鮮期；高溫下則能確保一週以上的保鮮期。

圖4
乾式出貨的龍膽切花

附表

切花標準保鮮期天數一覽

◎：與未處理狀態相較保鮮期延長1.5倍。

○：與未處理狀態相較保鮮期延長1.2至1.5倍。

△：與未處理狀態相較保鮮期略微延長。

—：無延長保鮮期效果。

以下為經過適當的前處理與後處理後的標準保鮮期天數，但會依照品種、栽培歷史與運輸要因更動。

＊：推定為未滿五天

全年出貨品項

品項	前處理與品質保持效果		後處理劑的效果	保鮮期天數	
	有效的前處理劑	效果		常溫（23℃）	高溫（30℃）
水仙百合	STS＋GA	○	○	14	10
康乃馨	STS	◎	○	14	10
非洲菊	抗菌劑	△	○	10	7
海芋（濕地性）	BA	○	—	5	＊
菊花類	STS	△	○	14	10
孔雀草	無	—	○	14	10
劍蘭	BA	△	○	7	5
火焰百合	GA	△	△	7	5
滿天星	STS＋糖質	◎	◎	10	7
星辰花	GA	△	—	14	10
麒麟草	無	—	○	10	7
大理花	BA	○	○	5	＊
飛燕草	STS	◎	○	7	5
洋桔梗	STS＋糖質	○	◎	10	7
玫瑰	糖質＋抗菌劑	○	◎	7	5
火龍果	無	—	◎	10	7
藍星花	STS	○	○	10	7
百合	STS、BA	○	△	10	7
蘭花類	STS	△	△	10	7

季節性出貨品項

品項	前處理與品質保持效果		後處理劑的效果	保鮮期天數	
	有效的前處理劑	效果		常溫（23℃）	高溫（30℃）
繡球花	抗菌劑	△	○	10	7
翠菊	無	－	○	14	10
風鈴桔梗	無	－	◎	10	7
金魚草	STS	○	◎	10	5
薑荷花	界面活性劑	○	－	14	10
雞冠花	無	－	△	14	10
芍藥	STS	△	△	5	＊
香豌豆花	STS	◎	○	7	＊
紫羅蘭	STS	○	○	10	＊
鬱金香	BA＋エテホン	◎	○	5	＊
日本水仙	STS＋GA	○	－	5	＊
桃花	無	－	◎	5	＊
雪球花	抗菌劑	△	◎	7	5
向日葵	無	－	○	7	5
小蒼蘭	無	－	○	7	＊
陸蓮花	STS	△	△	5	＊
龍膽	STS	○	○	10	7

市售品質保持劑一覽

生產者用品質保持劑

商品名	特徵	販售公司
Misaki-farm	主要成分為醣類、抗菌劑及無機離子，各種切花通用	OAT Agrio（株）
CHRYSAL K-20C	主要成分為STS，多種高乙烯敏感切花用	CHRYSAL JAPAN（株）
CHRYSAL Boster	主要成分為STS與醣類，需與K-20C混合使用	
CHRYSAL Kasumi	主要成分為STS，滿天星用	
CHRYSAL Kasumi SC	含有STS與醣類，以及香氣成分散發抑制劑	
CHRYSAL 小菊花	小菊花用	
CHRYSAL 星辰花	主要成分為STS與醣類，星辰花用	
CHRYSAL 玫瑰	主要成分為抗菌劑，玫瑰用	
CHRYSAL 向日葵	主要成分為抗菌劑，對向日葵、非洲菊有效	
CHRYSAL Bubaru	繡球花、金魚草、寒丁子用	
CHRYSAL Meria	水仙百合、百合、火焰百合用	
CHRYSAL Eustoma	洋桔梗用	

商品名	特徵	販售公司
CHRYSAL CVBN	主要成分為抗菌劑，各種切花通用	CHRYSAL JAPAN（株）
CHRYSAL SVB	抑制葉片黃化	
CHRYSAL BVB	球根切花用	
BVB Extra	鬱金香專用，可抑制花莖伸長與葉片黃化	
Super Crnation	限花苞期採收的康乃馨用，主要成分為STS與醣類	
Miracle Mist	濕地性海芋、大理花用，浸漬、噴霧處理	
Ethyl Block™	主要成分為1-MCP，抑制乙烯作用	Smithers-Oasis JAPAN（株）
HI FLORA/20	主要成分為STS，康乃馨等高乙烯敏感切花用	PALACE化學（株）
HI FLORA/ Conc	主要成分為STS，康乃馨等高乙烯敏感切花用	
HI FLORA/ Crna	主要成分為STS，短時間處理用	
HI FLORA/星辰花	主要成分為STS與醣類，宿根星辰花用	
HI FLORA/ Kasumi	主要成分為STS與醣類，滿天星用	
HI FLORA/ Kasumi Coloring	主要成分為STS與醣類，滿天星用，可同時進行染色	
HI FLORA/AE	水仙百合用，抑制落花與葉片黃化	

商品名	特徵	販售公司
HI FLORA/BRC	主要成分為抗菌劑，枝材用	PALACE化學（株）
HI FLORA/玫瑰	主要成分為抗菌劑，玫瑰用	
HI FLORA/Mamu	菊花用，抑制下葉黃化	
HI FLORA/非洲菊	主要成分為抗菌劑，非洲菊	
HI FLORA/Quick	吸水促進劑	
HI FLORA/Tsubomi	促進花苞開花用，主要成分為醣類	
Keep・Flower玫瑰	可運輸時使用	Fuji日本精糖（株）
P・T康乃馨	主要成分為STS，康乃馨等高乙烯敏感切花用	
STS・PLUS	主要成分為抗菌劑，需與STS劑混合使用	
Keep・Flower BB	主要成分為抗菌劑，各種切花濕式運輸用，玫瑰切花除外	
美-ternal・玫瑰	玫瑰專用，粉末狀5kg	（株）Florist Corona
美-ternal・STS	主要成分為STS，乙烯敏感度高項用。切花用有液態與粉末狀；盆栽用為粉末狀	
美-ternal・select	主要成分為STS、醣類與抗菌劑，乙烯敏感度高品項用。粉末狀10kg	

運輸用品質保持劑

商品名	特徵	販售公司
Misaki-farm BC	主要成分為抗菌劑與無機離子，各種切花通用	OAT Agrio（株）
CHRYSAL Bucket	主要成分為抗菌劑	CHRYSAL JAPAN（株）
HI FLORA/Bucket	主要成分為抗菌劑	PALACE化學（株）
HI FLORA/B-500	主要成分為抗菌劑，玫瑰用	

零售用品質保持劑

商品名	特徵	販售公司
Misaki-Pro	主要成分為醣類、抗菌劑及無機離子，各種切花通用	OAT Agrio（株）
Clear200	主要成分為醣類與抗菌劑，各種切花通用	Smithers-Oasis JAPAN（株）
Rose Clear200	主要成分為醣類與抗菌劑，玫瑰用	
Finishing Touch	撒布用，對大理花有效	
Quick Dip®100	促進吸水用	
華精Ethylene Cut	高乙烯敏感切花用	PALACE化學（株）
華精Run～潤～	促進吸水用	
Keep・Flower EX	主要成分為醣類與抗菌劑，店頭保管用	Fuji日本精糖（株）

商品名	特徵	販售公司
Keep・FlowerBB	主要成分為抗菌劑	Fuji日本精糖（株）
High・Speed	促進吸水用	
美-ternal Life	主要成分為醣類和抗菌劑，各種切花通用	（株）Florist Corona

消費者用品質保持劑

商品名	特徵	販售公司
Misaki	主要成分為醣類、抗菌劑及無機離子，各種切花通用	OAT Agrio（株）
CHRYSAL Flower Food	各種切花通用。有液態與小袋粉末狀	CHRYSAL JAPAN（株）
CHRYSAL Élite 小袋・液態（玫瑰用）	各種切花通用，對玫瑰特別有效	
百合・水仙百合用 小袋・粉末	百合、水仙百合專用	
CHRYSAL Bulbosus 小袋	球根用	
枝物用小袋・粉末	枝材用	
Hakamori君	佛花用	
切花營養劑	主要成分為醣類與抗菌劑，各種切花通用	Smithers-Oasis JAPAN（株）
玫瑰用切花營養劑	主要成分為醣類與抗菌劑，玫瑰用	

商品名	特徵	販售公司
Florist	主要成分為醣類與抗菌劑，各種切花通用	住友化學園藝（株）
花工場 切花Long Life液	主要成分為海藻糖與抗菌劑，各種切花通用	
My Rose 延長玫瑰觀賞期的切花液	主要成分為醣類與抗菌劑，玫瑰用	
Cute 切花長保鮮期液	主要成分為醣類、抗菌劑與界面活性劑，各種切花通用	（株）HYPONeX
吸水名人	主要成分為醣類、抗菌劑與界面活性劑	
華精	各種切花通用。主要成分為醣類與抗菌劑	PALACE化學（株）
華精 Expert	各種切花通用	
華精 Rose	玫瑰專用	
華精 枝材	枝材專用	
華精 菊花	菊花用。抑制下葉黃化	
Keep・Flower	各種切花通用，主要成分為醣類與抗菌劑	Fuji日本精糖（株）
Keep・Rose	玫瑰專用，主要成分為醣類與抗菌劑	
美-ternal	各種切花通用	（株）Florist Corona

※ 各社のホームページから著者が調査。すべての市販品質保持剤を網羅できているとは限らない

索引

189

後 記

　　本書內容的基礎為刊登於《農耕與園藝》雜誌中的連載，經過大幅的改寫、修正後才成為本書的內容。原本連載開始前，編輯部提出的要求是在一年半的時間內，撰寫18回的連載文章。但後來因為筆者的要求，將連載期間延長至兩年半，最後總共撰寫了30回的連載。在撰寫連載文章的過程中，最困難的就是準備圖表的部分。當時編輯部要求每一號的連載都必須搭配四至六張的圖表。但若只放入簡單的表格或統計圖，整體上的視覺效果非常不理想，所以用盡許多方法，試著盡可能地以圖片或插畫來呈現。到現在，都還記得當時費盡千辛萬苦準備各種相關圖片與插畫的過程。

　　後來與出版社討論出以連載文章為骨幹，重新編輯出版成書籍。但是，若要出書，則需要再加入大量的資訊，以達到完整性。因此在開始動筆擬稿時，就已經徹底覺悟到底稿製作的困難度。不過也因為並非憑空開始，所以寫稿過程也還算順利。因為出版社表示基本上會以彩色頁面為主，所以又重新拍攝了實物與現場照等必須素材；很慶幸地，當時有非常多人幫助，才完成此一重責大任。

　　最後，我想對誠文堂新光社中負責本書編輯作業的堀內夏樹編輯、坂本瑛惠編輯、黑田麻紀編輯致上我最大的謝意。同時也要感謝協助我拍攝圖片素材的大田花卉花之生活研究所所長桐生進、大田花卉的五十嵐恒夫室長、及Flower Auction Japan的荒井祐紀小姐。因為篇幅關係，在此無法列出所有人員，但還是想對所有曾幫助過此書出版的人士們致上最高的謝意。

市村一雄

1959年　出生於日本埼玉縣

1983年　千葉大學園藝學部畢業

1989年　名古屋大學大學院農學研究科博士課程單位取得
　　　　並任職於科學技術廳科學技術特別研究員

1992年　農林水產省野菜‧茶葉試驗場花卉部 研究員

2001年　（獨）農業技術研究機構花卉研究所流通技術研究室 室長

2005年　東京農業大學連攜大學院客座教授

2010年　（獨）農業‧食品產業技術綜合研究機構（農研機構）花卉研究所 研究管理監

2014年　（獨）農研機構花卉研究所 所長

2016年　國立研究開發法人農研機構野菜花卉研究部門花卉研究監至今
　　　　博士（農學）（名古屋大學）
　　　　曾獲園藝學會獎勵賞、日本玫瑰切花協會大矢賞等獎項

　　　　305-8519 茨木縣筑波市藤本2-1
　　　　國立開發研究法人農研機構野菜花卉研究部門

| 參 考 文 獻 |
《切花的品質保持》
2011.市村一雄.筑波書房（東京）
《切花的品質保持手冊》
2006.（財）日本花普及中心（監修）‧流通系統研究中心（東京）

| 照 片 提 供 | 感謝以下各位為本書提供珍貴圖片（敬稱略）

| 第 1 章 | 醣類不足 ················ | 圖 2：乘越 亮 |

第 2 章	栽培與切花保鮮期 ········	圖 7‧圖 8：矢島 豐
	前處理 ················	圖 3：菅家博昭、圖 5：海老原克介
	保管 ··················	圖 3：湯本弘子
	生產者及流通過程中的管理實況 ··	圖 2：菅家博昭

第 3 章	非洲菊 ················	圖 3‧圖 4：外岡 慎
	水仙百合 ··············	圖 3：渋谷健市
	滿天星 ················	圖 1：菅家博昭
	孔雀草 ················	圖 1：坂口公敏
	洋桔梗 ················	圖 5：湯本弘子
	玫瑰 ··················	圖 2：乘越 亮
	百合 ··················	圖 2：渡邊祐輔、圖 4‧圖 5：宮島利功
	蘭類 ··················	圖 2：近藤真二

第 4 章	薑黃 ··················	圖 2：名越勇樹
	鬱金香 ················	圖 3‧圖 4：渡邊祐輔
	桃花 ··················	圖 1：田邊 孝
	雪球花 ················	圖 1‧圖 2：大宮 知
	向日葵 ················	圖 1：加藤美紀‧林 聖麗
	龍膽 ··················	圖 3：矢島 豐

國家圖書館出版品預行編目資料

切花保鮮術：讓鮮花壽命更持久＆外觀更美好的品保
關鍵／市村一雄著；劉好殊譯．
－初版．－新北市：噴泉文化館出版，2018.9
　面；　公分．－（花之道；57）
ISBN 978-986-96472-8-1（平裝）

1. 花卉業 2. 品質管理 3. 花藝

435.61　　　　　　　　　　　　　　　107015013

| 花之道 | 57

切花保鮮術
讓鮮花壽命更持久＆外觀更美好的品保關鍵

○封面設計
林慎一郎（及川真咲設計事務所）

○設計
山內浩史設計室

○封面攝影
岡本讓治

○協力
plus alpha

※未特別記載的圖表即為作者製作。

作　　　　者／市村一雄
譯　　　　者／劉好殊
發　行　　人／詹慶和
總　編　　輯／蔡麗玲
執　行　編　輯／劉蕙寧
編　　　　輯／蔡毓玲・黃璟安・陳姿伶・李宛真・陳昕儀
執　行　美　術／陳麗娜
美　術　編　輯／周盈汝・韓欣恬
出　版　　者／噴泉文化館
發　行　　者／悅智文化事業有限公司
郵　政　劃　撥　帳　號／19452608
戶　　　　名／悅智文化事業有限公司
地　　　　址／新北市板橋區板新路 206 號 3 樓
電　　　　話／（02）8952-4078
傳　　　　真／（02）8952-4084
電　子　信　箱／elegant.books@msa.hinet.net

2018 年 09 月初版一刷　定價 380 元

KIRIBANA NO SENDO HINSHITSU HOJI
© KAZUO ICHIMURA 2016
Originally published in Japan in 2016 by Seibundo Shinkosha
Publishing Co., Ltd.,
Traditional Chinese translation rights arranged with Seibundo
Shinkosha Publishing Co., Ltd.,
through TOHAN CORPORATION, and Keio Cultural Enterprise
Co., Ltd.

經銷／易可數位行銷股份有限公司
地址／新北市新店區寶橋路 235 巷 6 弄 3 號 5 樓
電話／（02）8911-0825　傳真／（02）8911-0801

讓鮮花壽命更持久&
外觀更美好的品保關鍵

保鮮期為消費的重點！

切花保鮮術

讓鮮花壽命更持久&
外觀更美好的品保關鍵

保鮮期為消費的重點！

切花保鮮術